1 大きな数
億と兆

JN125646

[千万の10倍の数を一億、千億の10倍の数をいちおく……]

1 次の数をよみましょう。　📖教上14ページ②、16ページ③　20点(1つ10)

① 63252001670

② 31450070000000

(　　　　　　　　　) (　　　　　　　　　　　　)

2 次の数を数字で書きましょう。　📖教上14ページ②、16ページ③　20点(1つ10)

① 五千兆七千二十億

(　　　　　　　　　　　　　　　)

② 1兆を2こと、1億を24こと、1万を125こあわせた数

(　　　　　　　　　　　　　　　)

3 下の数直線の㋐、㋑のめもりが表す数はいくつでしょうか。

📖教上17ページ④　20点(1つ10)

㋐ (　　　　　　)

㋑ (　　　　　　)

```
10億      20億   ㋐  30億                    ㋑
|‖|‖|‖|‖|‖|‖|‖|‖|‖|‖|‖|‖|‖|‖|‖|‖|‖|‖|‖|‖|
                  ↓                          ↓
```

4 □にあてはまる数を書きましょう。　📖教上17ページ⑤　20点(1つ10)

① 37億＋42億＝□億　② 42兆－35兆＝□兆

[たし算の答えを和、ひき算の答えを差といいます。]

5 (　)の中の数の和と差を求めましょう。　📖教上17ページ⑤　20点(1つ5)

(132億、35億)

和を求める式 ㋐[　　　　　　　　　　]＝㋑[　　　　　　]

差を求める式 ㋒[　　　　　　　　　　]＝㋓[　　　　　　]

きほんの
ドリル
→2。

1 大きな数
整数のしくみ

時間 15分　合かく 80点　/100

月　日

サクッと
こたえ
あわせ

答え 81ページ

[整数を 10 倍すると、位が 1 けた上がり、$\frac{1}{10}$ にすると、位が 1 けた下がります。]

❶ 436000000000 の 10 倍、100 倍、$\frac{1}{10}$ の数について考えます。

　　□にはあてはまる数を、（　）にはあてはまる言葉を書きましょう。

📖教上18ページ❻　70点（1つ10）

①

千	百	十	一	千	百	十	一	千	百	十	一	千	百	十	一
	兆				億				万						

⑦　　　　　　　　0 0 0 0 0 0 0 0

　　4 3 6 0 0 0 0 0 0 0 0 0

⑦ → $\frac{1}{10}$

⑦ ← 10 倍

100 倍

① 4　　　　　0 0 0 0 0 0 0 0

① ← 10 倍

⑦　　　　　　　0 0 0 0 0 0 0 0

② 整数を 10 倍すると、位が ⑦□ けた（⑦　　　　　　）ます。

また、$\frac{1}{10}$ にすると、位が ⑦□ けた（⑦　　　　　　）ます。

[0 から 9 の数字を組み合わせると、どんな大きさの整数でも表すことができます。]

❷ 0 から 9 の数字を 1 回ずつまで使って、次の数をつくりましょう。

📖教上19ページ❼　30点（1つ15）

① いちばん大きい 9 けたの数

（　　　　　　　　　　　　　　）

② いちばん小さい 10 けたの数

（　　　　　　　　　　　　　　）

教科書 📖 上18〜19ページ

 時間 **15**分 | 合かく **80**点 /100 | 月　　日

サクッと
こたえ
あわせ

答え **81** ページ

1　大きな数
大きな数のかけ算

[かけ算の答えを積といいます。]

1 お楽しみ会のひようとして 325 円ずつ集めます。131 人分集めると、全部で
何円になるか調べます。□にあてはまる数を書きましょう。　📖教上20ページ**8**

40点(1つ5)

① 計算のしかたを考えます。
　式は　325×131

```
        3  2  5
     ×  1  3  1
    ─────────────
        3  2  5
    [ア][イ][ウ]
  3  2  5
  4 [エ][オ][カ] 5
```

$325×131=$ [キ]

② お楽しみ会のひようは全部で [ク] 円になります。

2 計算をしましょう。　📖教上20ページ**9**　　　　　　　　30点(1つ10)

① 　3 1 2
　×1 2 2

② 　7 4 1
　×3 2 6

③ 　7 2 7
　×3 0 8

3 計算をしましょう。　📖教上21ページ**10、11**　　　　30点(1つ10)

① 4200×80

② 36 億×80

③ 2 兆×900

2　わり算の筆算
2けた÷1けたの計算　……(1)

[42÷3のようなわり算では、はじめに十の位を3でわります。]

❶ 42まいの画用紙を3人で同じ数ずつ分けます。このとき1人分は何まいになるか考えます。□にあてはまる数を書きましょう。

📖教上32ページ❷　30点(1つ5)

1人に10まいずつ分けると、30まい使って残りは □⑦ まいです。これをもう一度3人で分けると、 □⑦ まいずつになります。はじめに分けた10まいとあわせて、1人分は □⑦ まいになります。

これを筆算にすると、右のようになります。

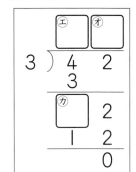

❷ 計算をしましょう。　📖教上32ページ③、33ページ⑤　　45点(1つ15)

① 5)80　　　　② 3)77　　　　③ 4)70

[わり算の答えは、わる数×商＋あまり＝わられる数 でたしかめられます。]

❸ □にあてはまる数を書きましょう。　📖教上33ページ❸　　25点(1つ5)

① 98÷4＝□⑦ あまり □⑦

② ①の答えをたしかめましょう。

4×□⑦＋□⑦＝□⑦

わる数　商　あまり　わられる数

筆算で計算しよう。

わり算の答えが商だよ。

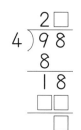

$$4 \overline{)98}$$
```
   2□
4)98
   8
  18
  □□
   □
```

教科書 📖 上26〜33ページ

きほんの
ドリル
→5。

時間 15分 ｜ 合かく 80点 ｜ ／100

月　日

サクッと
こたえ
あわせ
答え 81ページ

2　わり算の筆算
2けた÷１けたの計算　　……(2)

[商が何の位からたつか考えて計算します。]

1 □にあてはまる数を書きましょう。　📖教 上34ページ❹、❺　　60点(1つ5)

①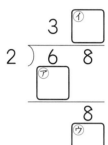

②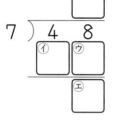

③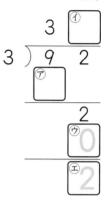

2 筆算でしましょう。　📖教 上34ページ❹、❺　　40点(1つ8)

① 96÷3

② 33÷3

③ 75÷7

④ 83÷9

⑤ 60÷3

商が一の位
からたつ
計算もあるね。

サクッと
こたえ
あわせ

答え **82**ページ

2　わり算の筆算
3けた÷1けたの計算　　　……(1)

[3けた÷1けた のわり算では、まず、百の位に商がたつかどうか考えます。]

❶ 計算をしましょう。　教上35ページ❻、❼　　　50点(1つ10)

① 2)400

② 3)900

③ 5)880

④ 7)917

⑤ 8)995

❷ 計算をしましょう。　教上37ページ❽　　　50点(1つ10)

①
```
      20
  4)836
      8
      36
```

② 4)962

③ 3)918

④ 3)625

⑤ 9)920

商に0が
たつときは…

教科書 上35〜37ページ

2　わり算の筆算
3けた÷1けたの計算　　　　　　　　……(2)

[百の位に商がたたないときは、十の位にたてます。]

1 おはじきが 370 こあります。5人で同じ数ずつ分けると、1人分は何こになる
か調べます。□にあてはまる数を書きましょう。　教 上37ページ**9**　　40点(1つ10)

① 計算のしかたを考えます。

式は　370÷5

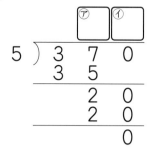

$$370÷5=\boxed{}^{ウ}$$

② おはじきは1人分 $\boxed{}^{エ}$ こになります。

2 計算をしましょう。　教 上38ページ**16**　　　　　　60点(1つ10)

① $3\overline{)285}$　　② $4\overline{)336}$　　③ $7\overline{)596}$

百の位に
商はたた
ないね。

④ $6\overline{)374}$　　⑤ $8\overline{)407}$　　⑥ $5\overline{)250}$

2　わり算の筆算
わり算の暗算

[わり算の暗算では、われる数を2つの数に分けて計算します。]

1 □にあてはまる数を書きましょう。　📖教上39ページ🔟　　60点(1つ5)

① 69÷3 の暗算のしかたを考えます。

69
60　9

⑦ 60 ÷3＝ ⑦

⑦ 9 ÷3＝ ⑦

あわせて ⑦

69を60と9に
分けて考えよう。

69÷3＝ ⑦

② 72÷3 の暗算のしかたを考えます。

72÷3
60　12

⑦ 60 ÷3＝ ⑦

⑦ ÷3＝ ⑦

あわせて ⑦

72は3でわりやすい
60と12に分けると
いいですね。

72÷3＝ ⑦

2 暗算で計算しましょう。　📖教上39ページ🔟　　40点(1つ4)

① 63÷3

② 99÷3

③ 48÷2

④ 51÷3

⑤ 87÷3

⑥ 72÷4

⑦ 48÷3

⑧ 84÷7

⑨ 96÷2

⑩ 57÷3

教科書 📖 上39ページ

まとめの ドリル

時間 **15**分 | 合かく **80点** /**100**

月　　日

答え 83 ページ

2　わり算の筆算

1 計算をしましょう。　　　　　　　　　　　　　　　20点(1つ5)

① $3\overline{)81}$　　　② $4\overline{)56}$　　　③ $7\overline{)92}$　　　④ $4\overline{)90}$

2 計算をしましょう。　　　　　　　　　　　　　　　60点(1つ10)

① $4\overline{)48}$　　　② $6\overline{)28}$　　　③ $6\overline{)63}$

④ $3\overline{)849}$　　　⑤ $7\overline{)935}$　　　⑥ $6\overline{)609}$

3 暗算でしましょう。　　　　　　　　　　　　　　　10点(1つ5)

①　$68 \div 2$　　　　　　　　②　$78 \div 3$

4 赤いリボンが 518 cm、白いリボンが 7 cm あります。赤いリボンの長さは、白いリボンの長さの何倍でしょうか。　　10点(式5・答え5)

式

答え （　　　　　　　　　）

9

教科書 📖 上26〜39ページ

3　折れ線グラフ　　　……(1)

[折れ線グラフに表すと、変わり方の様子がよくわかります。]

❶　1時間ごとの気温の変化を、下のようなグラフに表しました。
　　□にはあてはまる数を、（　）にはあてはまる言葉を書きましょう。

📖教 上44、45ページ　100点(1つ20)

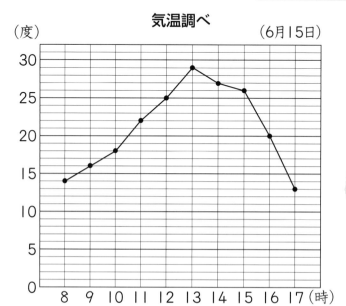

15時から16時
は6度下がって
いるね。

①　9時の気温は □ 度です。

②　気温が29度のときの時こくは（　　　　　　　）です。

③　気温がいちばん低かった時こくは（　　　　　　　）です。

④　気温の下がり方がいちばん大きかったのは
　　（　　　時と　　　時）の間です。

⑤　気温が上がったのは、（　　　時から　　　時）の間です。

教科書 📖 上42〜46ページ

サクッと
こたえ
あわせ

答え 83ページ

3　折れ線グラフ
折れ線グラフのかき方
……(2)
……(1)

[折れ線グラフをかくときは、まず点をうち、次にその点を順に直線で結びます。]

❶ 下の折れ線グラフは、ある2日間の気温の変化を表しています。

📖 教上48ページ❸　60点(1つ15)

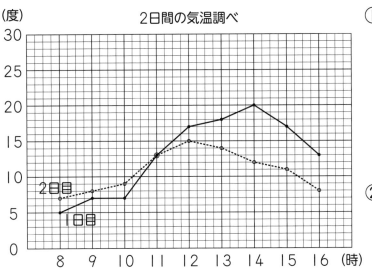

2日間の気温調べ

① 1日目と2日目で、最高気温になった時こくは、それぞれ何時でしょうか。

1日目(　　　　　)

2日目(　　　　　)

② 1日目と2日目の気温のちがいがいちばん大きかったのは何時で、何度ちがうでしょうか。

(　　　時)で、(　　　度)

❷ 左下の表は、ある地点の川の深さ(水深)について調べたものです。

この表を折れ線グラフで表すには、右下のⒶ、Ⓘの、どちらのグラフ用紙を使うとよいでしょうか。 📖 教上54ページ❺　40点

水深調べ

時こく	水深
10 時	55 cm
12 時	60 cm
14 時	68 cm
16 時	82 cm
18 時	73 cm

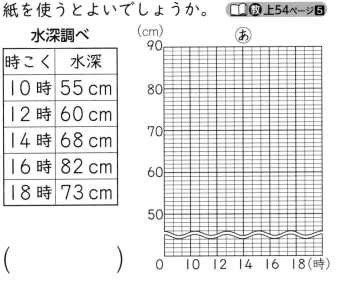

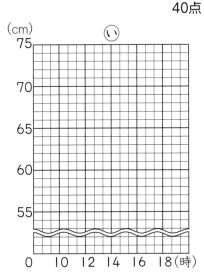

(　　　　　)

教科書 📖 上47〜54ページ

活用

時間 15分 | 合かく 80点 | /100 | 月 日

サクッと
こたえ
あわせ
答え 83ページ

3 折れ線グラフ ……(3)
折れ線グラフのかき方 ……(2)

[ちがう種類のグラフを組み合わせることで、さまざまなことがわかります。]

❶ りのさんは、仙台市の月別の気温と降水量を調べました。 📖教上55ページ

100点(1つ25)

仙台市の気温

月	1	2	3	4	5	6	7	8	9	10	11	12
気温(度)	2	2	7	12	17	20	25	25	22	16	12	4

(2022年 気象庁調べ)

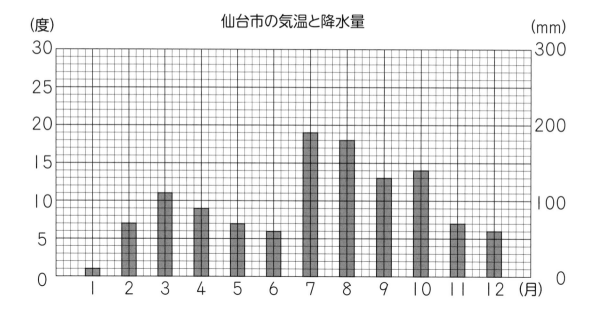

仙台市の気温と降水量

① 月別の降水量を表すぼうグラフに重ねて、月別の気温を折れ線グラフに表しましょう。

② 降水量がいちばん少なかったのは何月でしょうか。 (　　　　　)

③ 気温がいちばん高かったのは何月と何月で、何度でしょうか。
(　　月と　　月)で、(　　度)

教科書 📖 上55ページ

4 角 ......(1)

[半回転の角度は2直角、1回転の角度は4直角です。]

1 分度器を使って、次の㋐から㋓の角度をはかりましょう。

📖教上63ページ① 　60点(1つ15)

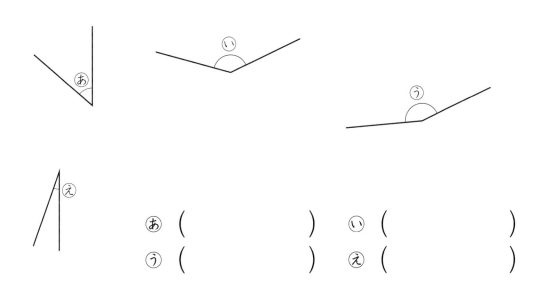

㋐ （　　　　　　）　　㋑ （　　　　　　）

㋒ （　　　　　　）　　㋓ （　　　　　　）

2 次の角について答えましょう。 📖教上64ページ❷ 　40点(1つ10)

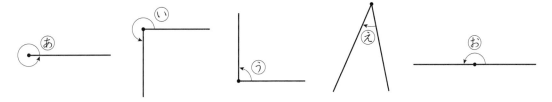

① 直角はどの角でしょうか。

（　　　　　　）

② 2直角はどの角でしょうか。

（　　　　　　）

③ ㋐、㋑の角度は、それぞれ何直角でしょうか。

㋐ （　　　　　）　㋑ （　　　　　）

きほんの
ドリル
14。 | 4 角 ……(2)

時間 15分　合かく 80点　／100　月　日

サクッと
こたえ
あわせ
答え 83ページ

[三角定規の角度は、45°・45°・90°と、30°・60°・90°の組み合わせになっています。]

❶ 三角定規を使って、いろいろな角度をつくりました。
　あからくの角度は、それぞれ何度でしょうか。　📖教上64ページ❸

80点(1つ10)

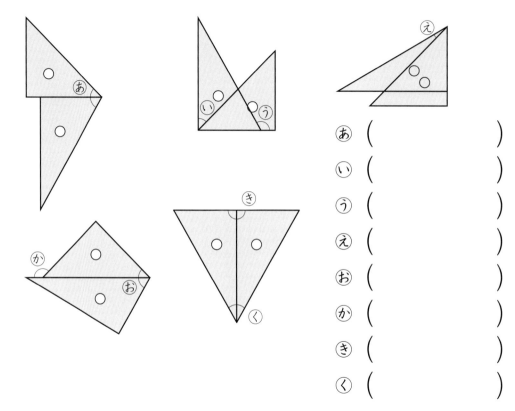

あ (　　　　　　)

い (　　　　　　)

う (　　　　　　)

え (　　　　　　)

お (　　　　　　)

か (　　　　　　)

き (　　　　　　)

く (　　　　　　)

❷ 下のあ、いの角度を分度器を使って、それぞれはかりましょう。
　📖教上65ページ❹　20点(1つ10)

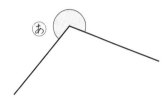

あ (　　　　　　)　　　　い (　　　　　　)

4 角
角のかき方

時間 15分　合かく 80点　／100
……(3)
月　日
サクッと
こたえ
あわせ
答え 84ページ

[いろいろな大きさの角を、分度器を使ってかくことができます。]

① 点アに分度器の中心を合わせて、次のそれぞれの角をかきましょう。

教 上67ページ **5**　40点(1つ20)

①　65°　　　　　　　　　②　120°

ア　　　　　　　　　　　　　　ア

② 次のそれぞれの角をかきましょう。　教 上68ページ **6**　40点(1つ20)

①　240°　　　　　　　　　②　320°

③ 右の図のような三角形をかきましょう。　教 上69ページ **7**　20点

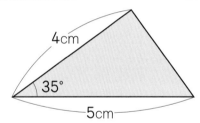

4cm
35°
5cm

教科書 上67〜69ページ

きほんの
ドリル
16。

5　2けたの数のわり算
何十でわる計算

サクッと
こたえ
あわせ

答え 84ページ

[60÷20 のようなわり算は、10 をもとにすると、1けた÷1けたの計算で考えられます。]

1 計算をしましょう。　📖教上74ページ❶　　　　　　20点(1つ10)

①　60÷20　　　　　　　　　②　140÷70

2 60÷30 と商が同じになる式を、⑦から⑤の中から選びましょう。

📖教上74ページ❶　10点

⑦　60÷3　　　④　6÷3　　　⑦　600÷3　　　⑥　600÷30

(　　　　　　　　　)

3 おはじきが 240 こあります。□にあてはまる数を書きましょう。

📖教上75ページ❷　30点(1つ5)

①　1人に 50 こずつ配ると、何人に分けられるでしょうか。また、何こあまるでしょうか。

240÷⑦□＝④□ あまり ⑤□

② ①の答えをたしかめましょう。

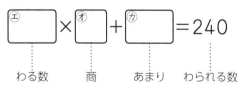

⑤□×⑨□＋⑪□＝240

わる数　　商　　あまり　わられる数

わり算の答えの
たしかめ方は…

4 計算をしましょう。　📖教上76ページ◈　　　　　　40点(1つ10)

①　170÷40　　　　　　　　②　250÷80

③　700÷30　　　　　　　　④　600÷70

教科書 📖 上74〜76ページ

時間 15分　合かく 80点　／100　月　日

サクッと
こたえ
あわせ

答え 84ページ

5　2けたの数のわり算
2けた÷2けたの計算

[わる数をがい数にして、商の見当をつけます。]

❶ 38÷12 の筆算のつづきをしましょう。　📖教上77ページ❸　10点

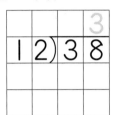

わる数の 12 を
10 とみると
38÷10→商は 3

❷ □にあてはまる数を書きましょう。　📖教上77ページ❸　30点(1つ5)

① 86÷21=（ア）□ あまり（イ）□

② ①のわり算の答えをたしかめましょう。

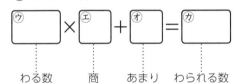

（ウ）□ ×（エ）□ +（オ）□ =（カ）□

わる数　　商　　あまり　わられる数

21)86

❸ 筆算でしましょう。　📖教上78ページ⑤　60点(1つ10)

① 48÷24

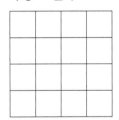

② 96÷16

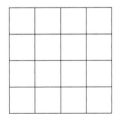

③ 88÷22

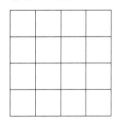

④ 69÷22

⑤ 89÷34

⑥ 80÷24

教科書 📖 上77〜78ページ

きほんの
ドリル
18.

5　2けたの数のわり算
商の見つけ方①

時間 15分 | 合かく 80点 | /100

サクッと
こたえ
あわせ

答え 84ページ

月　　日

[見当をつけた商が大きすぎたときは、商を順に小さくして、正しい商を見つけます。]

❶ 86÷23 の筆算のつづきをしましょう。　教 上79ページ❹　　　10点

❷ 計算をしましょう。　教 上79ページ⑦　　　　　　　30点(1つ10)

① 31) 92　　　　② 23) 68　　　　③ 12) 58

❸ 70÷12 を計算しましょう。　教 上79ページ❺　　　15点

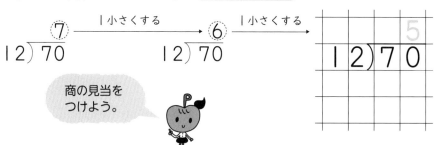

❹ 計算をしましょう。　教 上80ページ⑨　　　　　45点(1つ15)

① 13) 63　　　　② 14) 74　　　　③ 12) 95

教科書 📖 上79〜80ページ

きほんの
ドリル
19.

時間 **15分**　| 合かく **80点** | ／100

サクッと
こたえ
あわせ

答え **85ページ**

5　2けたの数のわり算

商の見つけ方②

月　　日

[見当をつけた商が小さすぎたときは、商を順に大きくして、正しい商を見つけます。]

1 56÷18 の計算をしましょう。　📖教 上80ページ**6**　　　10点

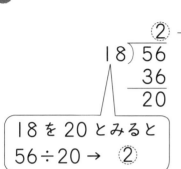

②

18 を 20 とみると
56÷20 → ②

1 大きくする →

あまりの 20 は
わる数の
18 より大きい
ので…。

$$18\overline{)56}$$　3

2 計算をしましょう。　📖教 上80ページ**①**　　　90点（1つ10）

① $27\overline{)83}$

② $17\overline{)90}$

③ $16\overline{)50}$

④ $26\overline{)88}$

⑤ $27\overline{)81}$

⑥ $15\overline{)74}$

⑦ $29\overline{)89}$

⑧ $17\overline{)74}$

⑨ $15\overline{)85}$

教科書 📖 上80ページ

5　2けたの数のわり算
3けた÷2けたの計算

[わり算の筆算は、たてる→かける→ひく→おろすのくり返しで計算します。]

1 計算のつづきをしましょう。　📖教 上81ページ**7**、**8**　　10点(1つ5)

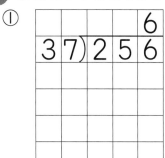

① 37)256 … 6

② 34)820 … 2 / 68

2 計算をしましょう。　📖教 上82ページ⑬、83ページ⑮、84ページ⑰、⑱　　90点(1つ10)

① 51)403

② 21)651

③ 64)834

④ 23)923

⑤ 19)777

⑥ 29)875

⑦ 54)3685

⑧ 36)8549

⑨ 48)5148

時間 **15**分 | 合かく **80点** | /100

月　　日

サクッと
こたえ
あわせ

答え **85**ページ

5　2けたの数のわり算
わり算のきまり

［わり算では、わられる数とわる数に同じ数をかけても、同じ数でわっても、商は変わりません。］

1 300÷15 を次のようにくふうして計算します。

□にあてはまる数を書きましょう。　📖教上85ページ⓬　15点(1つ5)

① 300 ÷ 15 ＝□
　　　↓÷5　　↓÷5
　60 ÷ ㋐3 ＝ ㋑[　　]

1けたでわる
計算になおしましょう。

② ①の計算から　300÷15＝㋒[　　]

2 わり算のきまりを使って、□にあてはまる数を書きましょう。

📖教上86ページ◈　25点(1つ5)

① 400÷25＝[　　]÷100　　② 180÷15＝[　　]÷5

③ 700÷35＝[　　]÷5　　④ 98÷14＝14÷[　　]

⑤ 900÷15＝3600÷[　　]

3 くふうして計算しましょう。　📖教上88ページ⓮、⓯　60点(1つ10)

① 3000÷60　　② 4200÷500

③ 9000÷50　　④ 72億÷8億

⑤ 150兆÷30　　⑥ 210万÷7000

教科書 📖 上85〜88ページ

まとめの
ドリル
22。

⏱15分 合かく 80点 /100   月　日

サクッと
こたえ
あわせ
答え 85ページ

5　2けたの数のわり算

1 計算をしましょう。　　　　　　　　　　　90点(1つ10)

① $30\overline{)60}$

② $80\overline{)560}$

③ $45\overline{)200}$

④ $24\overline{)96}$

⑤ $32\overline{)91}$

⑥ $23\overline{)82}$

⑦ $32\overline{)246}$

⑧ $39\overline{)867}$

⑨ $17\overline{)3516}$

2 どんぐりが198こあります。1人に25こずつ配ると、何人に分けられて、何こあまるでしょうか。　　　　　10点(式5・答え5)

式

答え (　　　　　　　　　　　　　　)

教科書 📖 上74〜89ページ

6 がい数

......（1）

[およその数のことをがい数といいます。]

1 がい数が使われているのはどれでしょうか。

ⓐからⓒの中からすべて選びましょう。　教上93ページ■、94ページ■　10点

ⓐ　サッカーの入場者数 40000 人

ⓑ　まさあきさんの学校の児童数 648 人

ⓒ　世界の人口 60 億人

（　　　　　　　）

[ある数をがい数で表す方法の1つに、四捨五入があります。]

2 右の表は、A町とB町の人口を表したものです。□にはあてはまる数を、（　）にはあてはまる記号を書きましょう。　教上94ページ■　30点（1つ10）

A町	5231 人
B町	5748 人

① 人口が 6000 人に近いのは

（　　　　　　　）町です。

② A町とB町の人口はそれぞれ約何千人といえるでしょうか。

四捨五入すると、

A町の人口　約 [　　　] 人

B町の人口　約 [　　　] 人

[たとえば、千の位までのがい数にするときは、百の位の数字を四捨五入します。]

3 四捨五入して、（　）の中の位までのがい数で表しましょう。

教上96ページ◇　60点（1つ15）

① 92536（千の位）　　② 4400（千の位）

（　　　　　　　）　　　　（　　　　　　　）

③ 434947（一万の位）　④ 354081649（一億の位）

（　　　　　　　）　　　　（　　　　　　　）

6　がい数　　……(2)

[がい数で表すとき、「〇の位までのがい数」という場合と、「上から〇けたのがい数」という場合があります。]

❶ 四捨五入して、上から2けたのがい数で表しましょう。　📖教上96ページ❸

20点(1つ10)

① 86321 　　　　　　　② 4951880

（　　　　　　　）　　　（　　　　　　　　）

❷ □にあてはまる数を書きましょう。　📖教上97ページ❹　　60点(1つ10)

① 四捨五入して百の位までのがい数にしたとき、3800 になる数で、

いちばん小さい整数は[ア　　　　]、いちばん大きい整数は[イ　　　　]です。

② 四捨五入して千の位までのがい数にしたとき、79000 になる数で、

いちばん小さい整数は[ウ　　　　]、いちばん大きい整数は[エ　　　　]です。

③ 四捨五入して上から2けたのがい数にしたとき、35000 になる数で、

いちばん小さい整数は[オ　　　　]、いちばん大きい整数は[カ　　　　]です。

▸よく読んで！◂

❸ 四捨五入してがい数にしたとき、15000 になる数のはんいについて、□にあてはまる数を書きましょう。　📖教上97ページ❹　　20点(1つ5)

① 上から2けたのがい数にすると 15000 になる数のはんいは、

[ア　　　　]以上、[イ　　　　]未満です。

② 上から3けたのがい数にすると 15000 になる数のはんいは、

[ウ　　　　]以上、[エ　　　　]未満です。

教科書 📖 上96〜98ページ

時間 15分 　合かく 80点 　／100 　　月　日

サクッと
こたえ
あわせ

答え 86ページ

6 がい数
がい数を使った計算

……(3)
……(1)

[和や差をがい数で求めるには、もとの数を求めたい位までのがい数にしてから計算します。]

1 えりこさんは、次のような買い物をしようとしています。　📖教上99ページ5

60点(式15・答え15)

タオル　175円　　　くつ下　320円

① 全部でおよそ何円になるか、百の位までのがい数で求めましょう。

式

答え （　　　　　　　　）

② タオル、くつ下のほかに、ハンカチも買いたいと思います。代金の合計が約1000円になるようにするには、何円のハンカチを買えばよいでしょうか。

式

答え （　　　　　　　　）

[がい数を使って、およその積や商を求めることができます。]

2 お祭りの参加者38人に、同じべん当を1人1こずつ用意したいと思います。

📖教上101ページ6　40点(1つ20)

のりべん当	255円
かつどん	486円
からあげべん当	380円
さけべん当	335円

① かつどんを買う場合の代金の合計は、およそ何円になるでしょうか。

486円を500円、38人を40人として見積もりましょう。

約（　　　　　　　）

② 38人分の代金の合計を16000円以下にしたいと思います。

なるべくおつりを少なくするには、どのべん当を買えばよいでしょうか。

（　　　　　　　）

教科書 📖 上99～101ページ

6　がい数
がい数を使った計算

……(4)
……(2)

サクッと
こたえ
あわせ
答え **86**ページ

❶ 下の⑥から⑤の計算で、積が 1000 より大きいものを選びましょう。

📖教上101ページ◆　20点

⑧　52×26　　　　⑥　46×19　　　　⑤　23×39

（　　　　　　　）

❷ 下の⑥から⑤の計算で、商が約 20 になるものを選びましょう。

📖教上101ページ◆　20点

⑧　3978÷196　　⑥　3978÷19　　⑤　397÷19

（　　　　　　　）

❸ およそ何円になるか、見当をつけて答えましょう。　📖教上102ページ**7**、103ページ**8**

60点（式15・答え15）

①　ひろさんは 500 円持っています。次のような買い物はできるでしょうか。それぞれの代金を切り上げて計算して調べましょう。

ノート　180円、　消しゴム　85円、　下じき　155円

式

答え（　　　　　　　）

②　1000 円以上買うと、くじが引けます。

次のような買い物をして、くじを引くことができるでしょうか。切り捨てて計算して調べましょう。

パン　228円、　ハム　460円、　ガム　105円、　あめ　315円

式

答え（　　　　　　　）

教科書📖　上99〜103ページ

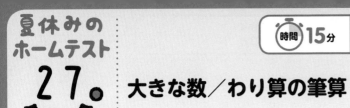

 1 次の数を数字で書きましょう。　　　　　　　　　　10点

１万より１小さい数の１万倍

(　　　　　　　　　　　　　　　　)

2 計算をしましょう。　　　　　　　　　　45点（1つ15）

① 42億＋17億　　　② 100兆－4兆　　　③ 12億×300

3 計算をしましょう。　　　　　　　　　　45点（1つ5）

①
$4)\overline{84}$

②
$2)\overline{54}$

③
$3)\overline{97}$

④
$9)\overline{891}$

⑤
$6)\overline{785}$

⑥
$2)\overline{419}$

⑦
$2)\overline{708}$

⑧
$6)\overline{487}$

⑨
$4)\overline{363}$

折れ線グラフ／角

1 下の表は、ある場所の気温と地温（地面の温度）を調べたものです。　40点（1つ20）

気温・地温調べ

時こく（時）	7	9	11	13	15	17	19
気温　（度）	19	22	28	29	27	24	21
地温　（度）	21	26	30	36	38	37	30

① この表をもとに、地温を右のグラフにとちゅうまでかきました。たてじくに温度、横じくに時こくのめもりをつけましょう。

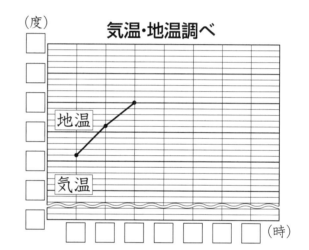

② 地温のグラフのつづきと、気温のグラフをかいて、グラフを完成させましょう。

2 次の角をかきましょう。　　　　　　　　　　60点（1つ20）

①　75°　　　　　　②　120°　　　　　　③　270°

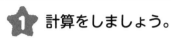

時間 **15**分 | 合かく **80**点 | /**100**

月　　日

サクッと
こたえ
あわせ

答え **87** ページ

2けたの数のわり算／がい数

1 計算をしましょう。　　　　　　　　　　　　　　　　30点(1つ5)

① $31\overline{)92}$　　　② $17\overline{)88}$　　　③ $78\overline{)456}$

④ $71\overline{)663}$　　　⑤ $22\overline{)6930}$　　　⑥ $72\overline{)2450}$

2 四捨五入して、[　]の中までのがい数で表しましょう。　60点(1つ15)

① 29490 [千の位]　　　　② 405000 [一万の位]

（　　　　　　　）　　　　　（　　　　　　　）

③ 198000 [上から2けた]　　④ 56499 [上から1けた]

（　　　　　　　）　　　　　（　　　　　　　）

3 四捨五入して千の位までのがい数にしたとき、38000になる数はどん
なはんいにある数でしょうか。　　　　　　　　　　　10点(1つ5)

（　　　　　　　）以上、（　　　　　　　）未満

時間 **15**分 ｜ 合かく **80**点 ｜ /100 ｜ 月 日

サクッと
こたえ
あわせ

答え 87ページ

7 垂直、平行と四角形
垂直と平行

[2本の直線が交わって直角ができるとき、この2本の直線は垂直であるといいます。
また、1本の直線に垂直な2本の直線は、平行であるといいます。]

❶ 2本の直線について、分度器か三角定規を使ってはかり、垂直ならば○、垂直で
ないならば×で答えましょう。 📖教上111ページ❶ 　　　40点(1つ10)

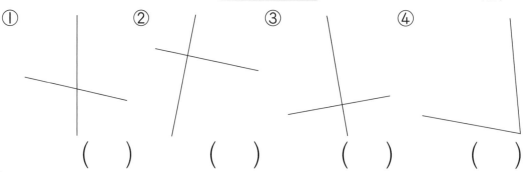

① ( )　　② ( )　　③ ( )　　④ ( )

❷ ⑦と⑦の直線について、平行ならば○、平行でないならば×で答えましょう。

📖教上113ページ❷ 　40点(1つ10)

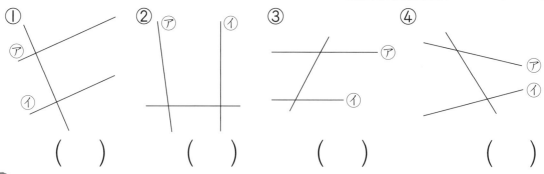

① ( )　　② ( )　　③ ( )　　④ ( )

❸ 下の図で、直線⑦に対して垂直な直線はどれでしょうか。
また、直線⑦に対して平行な直線はどれでしょうか。

📖教上111ページ❶、113ページ❷ 20点(1つ10)

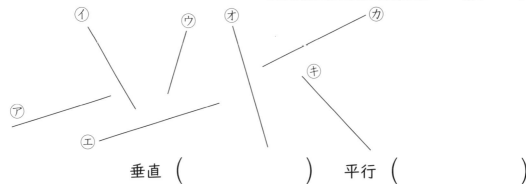

垂直 (　　　　　　　)　　平行 (　　　　　　　)

教科書 📖 上110～115ページ

きほんの
ドリル
31。

| 時間 15分 | 合かく 80点 | /100 |

月 日

サクッと
こたえ
あわせ

答え **87** ページ

7 垂直、平行と四角形
垂直、平行な直線のかき方

[垂直な直線は、三角定規の直角を使ってかきます。
平行な直線は、1本の直線に垂直な2本の直線をひいてかきます。]

❶ 直線⑦に垂直な線、直線⑦に平行な直線をかきましょう。

📖教上116ページ**5**　10点(1つ5)

❷ 点アを通って、直線⑦に垂直な直線をかきましょう。　📖教上117ページ**6**

① ② 　30点(1つ15)

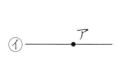

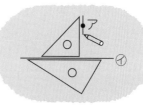

❸ 点アを通って、直線⑦に平行な直線をかきましょう。　📖教上118ページ**7**

① ② 　30点(1つ15)

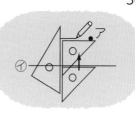

❹ 点アを通って、直線⑦に垂直な直線と平行な直線をかきましょう。

📖教上117ページ**6**、118ページ**7**　30点(1つ15)

①
　ア・

⑦

⑦

②
⑦

・ア

三角定規を
どう使えば
いいかな？

教科書 📖 上116～119ページ

31

7　垂直、平行と四角形

四角形　……（1）

向かい合った1組の辺が平行な四角形を、台形といいます。
向かい合った2組の辺が平行な四角形を、平行四辺形といいます。

❶　（　）にあてはまる言葉と記号を書きましょう。　教上121ページ❾　40点（1つ10）

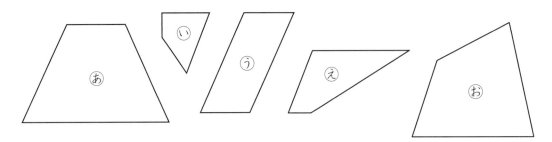

①　向かい合った1組の辺が平行な四角形は（　　　　　　）といいます。

上の四角形の中では（　　　　　　）があてはまります。

②　向かい合った2組の辺が平行な四角形は（　　　　　　）といいます。

上の四角形の中では（　　　）があてはまります。

❷　下から、台形や平行四辺形を見つけましょう。　教上123ページ❻

60点（1つ6）

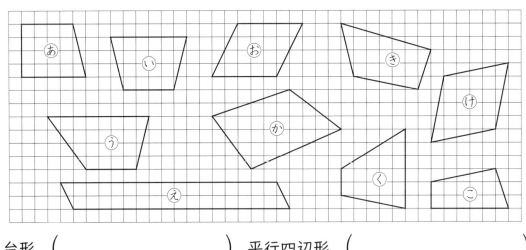

台形　（　　　　　　　　　　）　平行四辺形　（　　　　　　　　　　）

どちらでもない　（　　　　　　　　　）

教科書　上120〜123ページ

7　垂直、平行と四角形

四角形　　　　　　　　　　　　　　……(2)

[4つの辺の長さがすべて等しい四角形を、ひし形といいます。]

1 右のような平行四辺形があります。　📖教上124ページ🔟　　42点(1つ7)

① 辺アイと平行な辺はどれでしょうか。

（　　　　　　　　）

② 辺アエと平行な辺はどれでしょうか。

（　　　　　　　　）

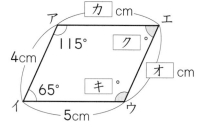

③ オ、カ、キ、クにあてはまる数を書きましょう。

オ（　　　　）カ（　　　　）キ（　　　　）ク（　　　　）

2 右のようなひし形があります。　📖教上125ページ⓫　　28点(1つ7)

① 辺アイと平行な辺はどれでしょうか。

（　　　　　　　　）

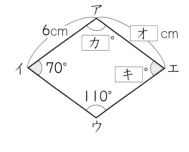

② オ、カ、キにあてはまる数を書きましょう。

オ（　　　　　　）カ（　　　　　　）

キ（　　　　　　）

3 下の四角形の名前を書きましょう。　📖教上124ページ🔟、125ページ⓫　　30点(1つ10)

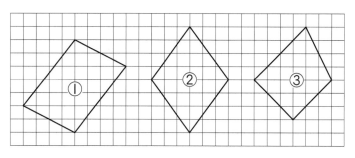

① （　　　　　　　　）

② （　　　　　　　　）

③ （　　　　　　　　）

教科書 📖 上124〜125ページ

きほんの
ドリル
34。

時間 15分 ｜ 合かく 80点 ｜ ／100

月　日

サクッと
こたえ
あわせ

答え 88ページ

7 垂直、平行と四角形
いろいろな四角形のかき方

[平行四辺形や台形は、平行な直線のかき方を使ってかきます。
ひし形は、コンパスを使ってかくことができます。]

❶ 次のような平行四辺形をかきましょう。　📖教上126ページ⓬　　30点

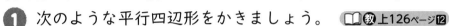

❷ 次のような台形をかきましょう。　📖教上128ページ⓭　　30点

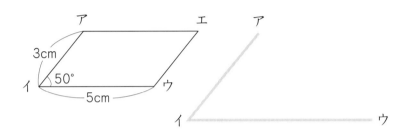

❸ 次のようなひし形をかきましょう。　📖教上128ページ⓭、⓮　　40点

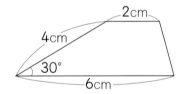

教科書 📖 上126〜128ページ

時間 **15**分 ｜ 合かく **80**点 ｜ /100 ｜ 月　日

7　垂直、平行と四角形
四角形の対角線

サクッと
こたえ
あわせ

答え **88**ページ

[四角形で、向かい合った頂点を結ぶ直線を、対角線といいます。]

1 次の四角形の対角線について調べましょう。 📖教 上129ページ⑮ 　60点(1つ20)

① 　2本の対角線の長さが等しい四角形をすべて選びましょう。

（　　　　　　　）

② 　2本の対角線が垂直な四角形をすべて選びましょう。

（　　　　　　　）

③ 　2本の対角線がそれぞれのまん中の点で交わる四角形をすべて選びましょう。

（　　　　　　　）

2 次の①、②のように対角線が交わる四角形をかきましょう。
また、かいた四角形の名前を書きましょう。 📖教 上131ページ⟨⟩ 　40点(1つ10)

①

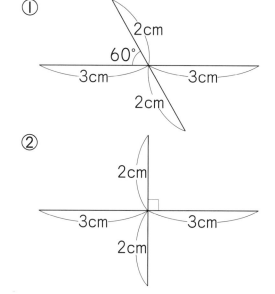

（　　　　　　　）

②

（　　　　　　　）

きほんの
ドリル
36。

時間 15分 ｜ 合かく 80点 ／100

月　　日

サクッと
こたえ
あわせ

答え 88ページ

[（　）のある式では、（　）の中をひとまとまりとみて、先に計算します。]

1 500円玉を持って買い物に行きました。

140円のノート1さつと、80円の消しゴム1こを買うと、お金は何円残るか計算しました。□にあてはまる数を書きましょう。　📖教上135ページ**1**　60点(1つ10)

①　のりえさんは次のように計算しました。

$$500 - \boxed{⑦} - \boxed{⑦} = 360 - 80 = \boxed{⑦}(円)$$

↑　　　　↑
ノートの　消しゴムの
ねだん　　ねだん

②　けんたさんは次のように計算しました。

$$500 - \left(\boxed{⑨140} + \boxed{⑨}\right) = 500 - 220 = \boxed{⑨}(円)$$

↑
ノートと消しゴムを
あわせた代金

2 計算をしましょう。　📖教上135ページ**1**　　　　20点(1つ10)

①　700－(320＋160)　　　②　1000－(900－250)

3 1000円で、550円のはさみと、220円の電球と80円ののりを1こずつ買うと、お金は何円残るでしょうか。

（　）を使って1つの式に表して、答えを求めましょう。　📖教上136ページ◇

20点(式10・答え10)

式

答え（　　　　　　　）

教科書 📖 上134～136ページ

8　式と計算　……(2)

[計算は、ふつうは左から、（　）があるときには（　）の中から計算します。]

1 計算をしましょう。　□教 上137ページ◈、138ページ◈　　30点(1つ5)

① 15×(8+12)

② 50×(83−53)

③ 56÷7×2

④ 25×(12÷3)

⑤ 20+30×6

⑥ 800÷40−10

[計算は、（　）→ ×、÷ → +、− の順にします。]

2 計算をしましょう。　□教 上139ページ❹　　50点(1つ10)

① 90÷10×3

② 90÷(10×3)

③ 90+10×3

④ (90+10)×3

⑤ 90×(40−10×3)

3 計算をしましょう。　□教 上139ページ❹　　20点(1つ10)

① 25×4+8×6

> +、−、×、÷ のまじった式で
> は、（　）がなくても ×、÷ を
> 先に計算します。

② 30÷5−12÷4

きほんの
ドリル
38.

時間 15分 | 合かく 80点 | /100 | 月 日

サクッと
こたえ
あわせ
答え 89ページ

8 式と計算
計算のきまり
……(3)

[分配のきまり（○＋△）×□＝○×□＋△×□　（○－△）×□＝○×□－△×□]

1 150円の絵はがきと50円切手をそれぞれ7まいずつ買いました。
□にあてはまる数を書きましょう。　📖教上140ページ**5**　25点(1つ5)

① たくやさんとのりこさんは、代金の合計を1つの式に表しました。

たくや

$$\left(\boxed{\text{ア}} + \boxed{\text{イ}}\right) \times 7$$

のりこ

$$150 \times \boxed{\text{ウ}} + 50 \times \boxed{\text{エ}}$$

② 絵はがきと切手の代金の合計は $\boxed{\text{オ}}$ 円になります。

2 □にあてはまる数や記号を書きましょう。　📖教上140ページ**5**、**6**　35点(1つ5)

① $(32+16) \times 2 = 32 \times 2 + \boxed{\text{ア}} \times 2$

② $25 \times 4 - 14 \times 4 = \left(\boxed{\text{イ}} - 14\right) \times \boxed{\text{ウ}}$

③ $(39+37) + 23 = 39 \boxed{\text{エ}} (37+23)$

④ $(4 \times 84) \times 50 = \left(84 \times \boxed{\text{オ}}\right) \times 50$

$$= 84 \times \left(\boxed{\text{カ}} \times 50\right)$$

$$= 84 \times \boxed{\text{キ}}$$

$$= 16800$$

> （○＋△）×□＝○×□＋△×□
> （○－△）×□＝○×□－△×□
> ○＋△＝△＋○
> ○×△＝△×○
> （○＋△）＋□＝○＋（△＋□）
> （○×△）×□＝○×（△×□）
> を使って計算をかんたんに
> することができるね。

3 くふうして計算しましょう。　📖教上142ページ**7**　40点(1つ10)

① 21×34

② 48×9

③ $14+47+86$

④ 36×25

教科書 📖 上140〜142ページ

きほんの ドリル 39

9 面積 ……(1)

[広さのことを面積といいます。]

1 下のあの長方形とⓘの正方形とでは、どちらが広いかを、1辺が1cmの正方形の何こ分かでくらべます。

□にはあてはまる数を、（ ）にはあてはまる記号を書きましょう。

📖教下5ページ❶　60点(1つ10)

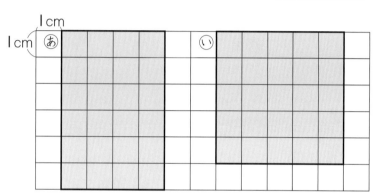

①　あの長方形は、1辺が1cmの正方形 □ こ分の広さです。

②　ⓘの正方形は、1辺が1cmの正方形 □ こ分の広さです。

③　①と②から、（　　　）のほうが（　　　）より広いといえます。

④　1辺が □ cmの正方形の面積を1平方センチメートルといい、

□ cm² と書きます。

2 下の①から④の面積は、それぞれ何cm²でしょうか。　📖教下7ページ◇

40点(1つ10)

①（　　　　　）
②（　　　　　）
③（　　　　　）
④（　　　　　）

9 面積
長方形や正方形の面積

[長方形の面積＝たて×横、正方形の面積＝１辺×１辺]

❶ 右のような長方形の面積を求めます。□にあてはまる数を書きましょう。

📖教 下8ページ❷　40点(1つ10)

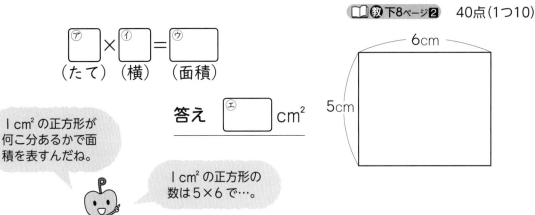

❶ × ❶ ＝ ❶
(たて)　(横)　(面積)

答え ❶ cm²

１cm²の正方形が何こ分あるかで面積を表すんだね。

１cm²の正方形の数は5×6で…。

❷ 右のような正方形の面積を求めます。□にあてはまる数を書きましょう。

📖教 下9ページ❸　40点(1つ10)

❶ × ❶ ＝ ❶
(１辺)　(１辺)　(面積)

答え ❶ cm²

１cm²の正方形がたても横も4こずつならんでいるから…。

❸ 次のような長方形や正方形の面積を求めましょう。　📖教 下9ページ④

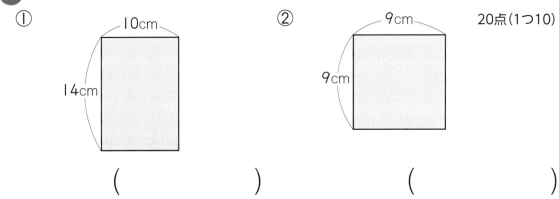

①　10cm　14cm

②　9cm　9cm　20点(1つ10)

(　　　　　)　(　　　　　)

時間 15分 ｜ 合かく 80点 ／100 ｜ 月　日

サクッと こたえ あわせ
答え 89ページ

9　面積 ……(3)
大きな面積の単位 ……(1)

［1辺が1mの正方形の面積を1平方メートルといい、1m²と書きます。］

❶ 次の長方形や正方形の面積を求めましょう。　教下10ページ❹　40点(式10・答え10)

①　たて25m、横10mの長方形のプール
式

答え（　　　　　　　）

②　1辺が8mの正方形の花だん
式

答え（　　　　　　　）

［1m²＝10000cm²です。］

❷ 右のような長方形の面積を求めます。□にあてはまる数を書きましょう。
教下10ページ❺、11ページ❻　40点(1つ10)

①　右の長方形をたてに4等分した
長方形 2 こで、1m²の正方形
になります。

4m
50cm
1m

②　①から、長方形の面積は、1m²の正方形 □ こ分です。

③　長方形の面積は、□ m²です。

④　1m²＝10000cm²ですから、長方形の面積は □ cm²です。

❸ 面積が126m²で、たての長さが9mの長方形の形をした土地があります。この土地の横の長さは何mでしょうか。
教下12ページ❼　20点(式10・答え10)

式

答え（　　　　　　　）

教科書 下10～12ページ

時間 15分　合かく 80点　／100　　月　日

サクッと
こたえ
あわせ
答え 89ページ

9　面積 ……(4)
大きな面積の単位 ……(2)

[1辺が 1km の正方形の面積を 1平方キロメートルといい、1km² と書きます。]

❶ □にあてはまる数を書きましょう。 📖教 下13ページ⑧、⑨　　30点(1つ10)

①　1km² の面積とは、1辺が □ km の正方形の面積のことです。

②　1km² の面積とは、1辺が □ m の正方形の面積のことです。

③　1km²＝ □ m² です。

⎡ 1辺が 10m の正方形の面積を 1アールといい、1a と書きます。
⎣ 1辺が 100m の正方形の面積を 1ヘクタールといい、1ha と書きます。⎤

❷ □にあてはまる数を書きましょう。 📖教 下14ページ⑩、⑪、15ページ⑫　40点(1つ10)

①　5km²＝ □ m²　② 700a＝ □ ha

③　8300m²＝ □ a　④ 2ha＝ □ m²

❸ 次の長方形や正方形の面積を求め、[ ]の中の単位で答えましょう。

📖教 下14ページ⑩、⑪、15ページ⑫　30点(式5・答え5)

①　たてが 40m、横が 240m の長方形の形をした土地[a]
式

答え（ 　　　　　　　 ）

②　たてが 800m、横が 600m の長方形の形をした飛行場[ha]
式

答え（ 　　　　　　 ）

③　たてが 2km、横が 700m の水田[ha]
式

答え（ 　　　　　　 ）

教科書 📖 下13〜15ページ

時間 15分　合かく 80点　／100　月　日

9　面積
面積の公式を使って
……(5)

サクッと
こたえ
あわせ
答え 90ページ

めんせき
[面積の公式を使って、いろいろな形の面積を求めることができます。]

❶ 右のような形の面積の求め方を考えます。□にあてはまる数を書きましょう。

📖教下17ページ⓮　80点(1つ8)

① まりさんは次のように計算しました。

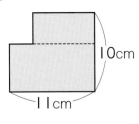

2つの長方形
に分けて…。

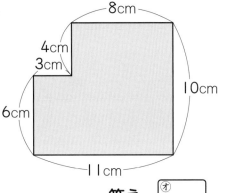

$4 \times \boxed{ア} + \boxed{イ}6 \times \boxed{ウ} = \boxed{エ}$

答え $\boxed{オ}$ cm²

② こうじさんは次のように計算しました。

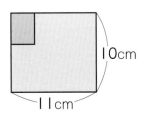

大きな長方形から
小さな長方形を
ひくと…。

$10 \times \boxed{カ} - \boxed{キ}4 \times \boxed{ク} = \boxed{ケ}$

答え $\boxed{コ}$ cm²

❷ 右のような形の面積を求めましょう。

📖教下19ページ⓬　20点(式10・答え10)

式

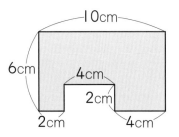

答え （　　　　　　　　）

時間 15分　合かく 80点 ／100

1 次の長方形や正方形の面積を求めましょう。　30点(1つ10)

① たてが8cm、横が15cm の長方形

（　　　　　　　　　）

② 1辺が40m の正方形

（　　　　　　　　　）

③ たてが3km、横が7km の長方形

（　　　　　　　　　）

2 次の長方形の面積を求め、[ ]の中の単位で答えましょう。　30点(1つ10)

① たてが250m、横が40m の長方形[a]

（　　　　　　　　　）

② たてが300m、横が1200m の長方形[ha]

（　　　　　　　　　）

③ たてが2km、横が500m の長方形[m²]

（　　　　　　　　　）

3 下のような形の面積を求めましょう。　40点(1つ20)

①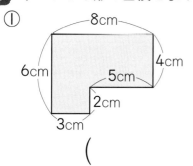

②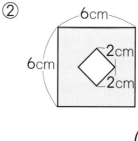

（　　　　　　　　　）　　　　　　（　　　　　　　　　）

教科書 📖 下4〜19ページ

きほんのドリル 45。

10 整理のしかた ……(1)

[2つの事がらに目をつけて、表にわかりやすく整理することができます。]

1 下の表は、まゆみさんの学校で、1週間にけがをした人の記録（きろく）です。

📖教 下29ページ◇　100点(1つ50)

1週間のけが調べ

学年	けがの種類	場所	学年	けがの種類	場所
1年	切りきず	ろう下	3年	すりきず	ろう下
4年	切りきず	校庭	1年	すりきず	教室
4年	打ぼく	校庭	5年	打ぼく	校庭
3年	すりきず	体育館	5年	ねんざ	校庭
6年	つき指	校庭	2年	すりきず	ろう下
1年	すりきず	校庭	4年	切りきず	教室
2年	打ぼく	体育館	2年	打ぼく	体育館
5年	切りきず	教室	5年	切りきず	校庭
2年	すりきず	ろう下	6年	つき指	校庭
6年	打ぼく	校庭	5年	打ぼく	体育館
3年	すりきず	体育館	3年	すりきず	校庭

① 上の表をもとにして、下の表をつくりましょう。

けがの種類と場所 （人）

けがの種類 ＼ 場所	校庭	教室	ろう下	体育館	合計
切りきず	2	2	1	0	5
すりきず					
打ぼく					
ねんざ					
つき指					
合計					

「正」の字を使って数えましょう。

② 上の表をもとにして、下の表をつくりましょう。

けがの種類と学年 （人）

けがの種類 ＼ 学年	1年	2年	3年	4年	5年	6年	合計
切りきず	1						
すりきず							
打ぼく							
ねんざ							
つき指							
合計							

けがの種類とけがをした人の学年がわかりやすくなるね。

10　整理のしかた　　……(2)

[いろいろな場合の数がわかりやすいように、分類した表をつくることができます。]

1 ある学級で、先月と今月に児童館を利用したかどうかを調べました。

教下33ページ◆　100点(1つ10)

児童館の利用

出席番号	先月	今月	出席番号	先月	今月	出席番号	先月	今月
1	○	○	12	○	○	23	×	○
2	×	×	13	○	○	24	○	○
3	×	○	14	×	×	25	○	○
4	○	×	15	○	×	26	○	○
5	○	○	16	×	○	27	×	×
6	×	○	17	○	×	28	○	○
7	○	○	18	○	○	29	○	×
8	×	×	19	×	○	30	×	○
9	○	○	20	×	○	31	○	○
10	○	×	21	×	○	32	×	○
11	×	○	22	○	○	33	○	×

○…児童館を利用した。
×…児童館を利用していない。

① 先月も今月も児童館を利用した人は何人でしょうか。

(　　　　　　　　)

② 上の表をもとにして、下の表をつくりましょう。

児童館の利用　　（人）

		今月		合計
		利用した	利用していない	
先月	利用した	㋐	㋑	㋒
	利用していない	㋓	㋔	㋖
合計		㋖	㋗	㋘

㋖＋㋗と㋒＋㋖
は同じ数になるね。

教科書 下30〜33ページ

11 くらべ方
倍の計算

……（1）

答え 90ページ

［ある数がもとにする数の何倍かを求めるには、わり算を使います。］

1 下の図のような長さのテープがあります。青いテープの長さは、白いテープの長さの何倍かを求めます。◯にはあてはまる計算の記号を、□にはあてはまる数を書きましょう。 📖教下39ページ❶
40点（1つ10）

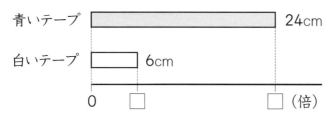

◯の中には
×、÷、+、−
のどれが入るかな？

① 式は　24 ⑦◯ ④□ = ⑦□

② 青いテープの長さは、白いテープの長さの ⑤□ 倍です。

2 青いテープと白いテープがあります。青いテープの長さは51cmで、この長さは白いテープの長さの3倍だそうです。

白いテープの長さを求めます。◯にはあてはまる計算の記号を、□にはあてはまる数を書きましょう。 📖教下41ページ❷
60点（1つ10）

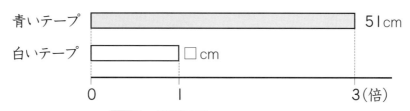

① 式は　□×⑦□ = ④□

□ = ⑤□ ⑤◯ ⑦□

白いテープは
青いテープを
3等分した長さだね。

② 白いテープの長さは ⑤□ cmです。

11 くらべ方 ……(2)

[もとにする量を1とみたとき、もう一方がどれだけにあたるかを表した数を割合といいます。]

1 長さが8cmのゴムひも⑧をいっぱいまでのばしたところ、32cmまでのびました。また、長さが12cmのゴムひも○をいっぱいまでのばしたところ、36cmまでのびました。

よくのびるといえるのはどちらのゴムひもでしょう。　教下41ページ2

50点(式25・答え25)

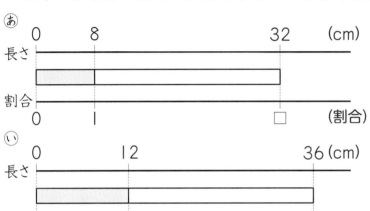

式

答え（　　　　　　）

2 長さが14cmのゴムひも②をいっぱいまでのばしたところ、70cmまでのびました。このゴムひも②を、9cmの長さに切り取って、いっぱいまでのばすと、何cmになるでしょう。　教下43ページ3

50点(式25・答え25)

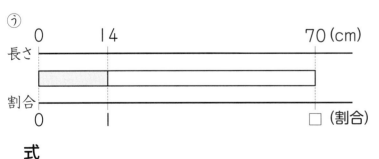

のびる割合は
同じだから…

式

答え（　　　　　　）

教科書 下40〜45ページ

12　小数のしくみとたし算、ひき算
0.1 より小さい小数　　　　……(1)

[0.1 の $\frac{1}{10}$ の大きさを 0.01、0.01 の $\frac{1}{10}$ の大きさを 0.001 と書きます。]

1 下の図を見て、□にあてはまる数を書きましょう。　教下49ページ**1**

30点(1つ10)

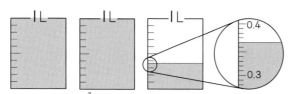

1L が □ こ で	□	L
0.1L が □ こ で	□.□	L
0.01L が □ こ で	□.□□	L
あわせて	□.□□	L

① 0.1L に満たないあと少しの量は、

0.01L の ⑦[　] こ分で ④[　　　　] L です。

② 水のかさは、あわせて、⑦[　　　　] L です。

上のように 考えてみましょう。

2 次の□にあてはまる数を書きましょう。　教下51ページ**2**

30点(1つ5)

① 4623 m は 1 km が 4 こで ⑦[　　　　] km、0.1 km が 6 こで

④[　　　　] km、0.01 km が 2 こ で ⑦[　　　　] km、0.001 km が 3

こで ⑤[　　　　] km、あわせて ⑦[　　　　] km です。

② 1 kg を 7 こと、0.1 kg を 4 こと、0.01 kg を 2 こあわせた重さは

⑦[　　　　] kg です。

3 次の数はいくつでしょうか。　教下52ページ**3**

40点(1つ10)

① 0.01 の 10 倍の数　　　　② 0.001 の 1000 倍の数

(　　　　　)　　　　　(　　　　　)

③ 0.01 の $\frac{1}{10}$ の数　　　　④ 0.1 の $\frac{1}{100}$ の数

(　　　　　)　　　　　(　　　　　)

12　小数のしくみとたし算、ひき算
0.1 より小さい小数　……(2)

[小数点より右にある位を、右へ順に $\frac{1}{10}$ の位、$\frac{1}{100}$ の位、$\frac{1}{1000}$ の位といいます。

小数も、10 倍すると位が 1 けた上がり、$\frac{1}{10}$ にすると位が 1 けた下がります。]

1 次の□にあてはまる数を書きましょう。　📖教下53ページ4　20点(1つ5)

①　1.852 の 5 は [⑦　　　　] の位の数字です。

　　また、$\frac{1}{1000}$ の位の数字は [⑦] です。

②　2.718 の 8 は [⑦　　　　] の位の数字です。

　　また、$\frac{1}{100}$ の位の数字は [⑨] です。

2 次の数は、0.01 を何こあつめた数でしょうか。　📖教下54ページ5　20点(1つ10)
①　3.26　　　　　　　　　　②　5

（　　　　　　　）　　　　　（　　　　　　　）

3 数の大小をくらべて、□に不等号を書きましょう。　📖教下54ページ6
①　0.256 □ 0.265　　　　　②　0.639 □ 0.63　　20点(1つ10)

4 次の数を 10 倍、100 倍した数を書きましょう。

また、$\frac{1}{10}$、$\frac{1}{100}$ にした数を書きましょう。　📖教下55ページ7　40点(1つ5)

①　34.8　　10 倍 (⑦　　　　)　　100 倍 (⑦　　　　)

　　　　　　$\frac{1}{10}$ (⑨　　　　)　　$\frac{1}{100}$ (⑨　　　　)

②　0.7　　　10 倍 (⑦　　　　)　　100 倍 (⑦　　　　)

　　　　　　$\frac{1}{10}$ (⑦　　　　)　　$\frac{1}{100}$ (⑦　　　　)

小数点だけ
動くよ。

月　日

サクッと
こたえ
あわせ

答え 91 ページ

12 小数のしくみとたし算、ひき算
小数のたし算、ひき算　　　　……(1)

[小数どうしのたし算は、整数のたし算を使って考えられます。]

❶ 1.73L のコーヒーと 1.15L のミルクをまぜて、ミルクコーヒーを作ります。
ミルクコーヒーは何L できるでしょうか。□にあてはまる数を書きましょう。

📖教 下56ページ🎱　55点(1つ5)

① まりさんは次のように計算しました。

$1.73 →$ 0.01 が ⑦ ☐ こ

$1.15 →$ 0.01 が ⑦ ☐ こ

あわせて 0.01 が ⑦ ☐ こ

0.01 をもとにして
考えてみよう。

答え ㋔ ☐ L

② こうじさんは次のように計算しました。

$1.73 →$ 1 と 0.7 と 0.03

$1.15 →$ ㋙ ☐ と ㋕ ☐ と ㋖ ☐

あわせて ㋗ ☐ と ㋘ ☐ と ㋙ ☐

位ごとに
考えると…

答え ㋚ ☐ L

⚠ミスに注意！

❷ 次の計算をしましょう。　📖教 下57ページ🎱、58ページ🔟、⓫　　45点(1つ5)

① 0.53＋4.22　　② 1.64＋2.72　　③ 3.47＋0.83

④ 2.55＋2.45　　⑤ 6.38＋0.729　　⑥ 1.42＋0.3

⑦ 1.76＋0.24　　⑧ 4.19＋0.014　　⑨ 14＋3.47

時間 **15**分 ｜ 合かく **80**点 ｜ /**100** ｜ 月 日

サクッと
こたえ
あわせ

答え **91**ページ

12 小数のしくみとたし算、ひき算

小数のたし算、ひき算 ……(2)

[小数どうしのひき算は、整数のひき算を使って考えられます。]

1 動物園までの 5.65 km の道のりのうち、2.32 km 歩きました。残りの道のり
は何 km でしょうか。□にあてはまる数を書きましょう。　📖教 下59ページ⓬

55点(1つ5)

吹き出し：たし算のときと
同じように
考えましょう。

① りかさんは次のように計算しました。

$$5.65 → 0.01 \text{ が } \boxed{}^{(ア)} \text{ こ}$$

$$2.32 → 0.01 \text{ が } \boxed{}^{(イ)} \text{ こ}$$

$$残りは \quad 0.01 \text{ が } \boxed{}^{(ウ)} \text{ こ}$$

答え $\boxed{}^{(エ)}$ km

② まさしさんは次のように計算しました。

$$5.65 → 5 \text{ と } 0.6 \text{ と } 0.05$$

$$2.32 → \boxed{}^{(オ)} \text{ と } \boxed{}^{(カ)} \text{ と } \boxed{}^{(キ)}$$

$$残りは \boxed{}^{(ク)} \text{ と } \boxed{}^{(ケ)} \text{ と } \boxed{}^{(コ)}$$

答え $\boxed{}^{(サ)}$ km

⚠️ミスに注意！

2 次の計算をしましょう。　📖教 下59ページ⓬、⓭、60ページ⓮

45点(1つ5)

① 1.25−0.12　　② 7.75−1.06　　③ 1.295−0.153

④ 5.282−0.36　　⑤ 2.25−0.396　　⑥ 1−0.25

⑦ 1−0.032　　⑧ 5−2.029　　⑨ 3−1.904

教科書 📖 下59〜60ページ

12 小数のしくみとたし算、ひき算

計算のきまり

[計算のきまりは、小数の場合でも成り立ちます。]

1 □にあてはまる数を書きましょう。 📖教下61ページ⓯　　30点(1つ5)

① $8.2+1.56=\boxed{^{ア}}+8.2=\boxed{^{イ}}$

② $2.9+0.15+1.1=\left(2.9+\boxed{^{ウ}}\right)+\boxed{^{エ}}$

$=4+\boxed{^{オ}}$

$=\boxed{^{カ}}$

計算のきまりを
使って計算すると
かんたんになるね。

2 くふうして計算しましょう。 📖教下61ページ⓰　　70点(1つ10)

① $2.5+3.14$

② $0.82+1.4$

③ $0.74+0.26$

④ $4.3+5.7+3$

⑤ $3.15+2.33+0.85$

⑥ $0.25+9.76+0.24$

⑦ $5.25+3.75+1.25$

⑤から⑦は
くふうして
計算しましょう。

教科書 📖 下61ページ

サクッと
こたえ
あわせ

答え 91 ページ

12　小数のしくみとたし算、ひき算

1 下の数直線の①から③にあてはまる数を書きましょう。　　15点(1つ5)

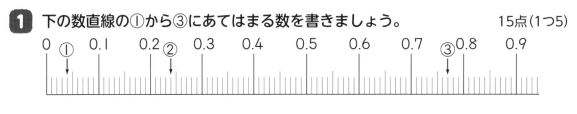

① (　　　　　)　② (　　　　　)　③ (　　　　　)

2 次の数はいくつでしょうか。　　15点(1つ5)

① 253 の $\frac{1}{100}$　　② 560 の $\frac{1}{1000}$　　③ 0.809 の 10 倍

(　　　　)　　(　　　　)　　(　　　　)

3 次の計算をしましょう。　　70点(1つ5)

① 1.43＋2.26　　② 0.49＋1.73　　③ 1.326＋2.539

④ 4.397＋1.76　　⑤ 11.011＋1.09　　⑥ 1.72－1.04

⑦ 1.429－0.234　　⑧ 7.262－4.08　　⑨ 1－0.053

⑩ 5－4.445　　⑪ 20－0.002　　⑫ 11.111－0.002

⑬ 2.25＋3.13＋7.75　　　⑭ 6.1＋1.92＋3.08

教科書 下48〜61ページ

13 変わり方 ……(1)

[2つの量の変わり方や関係を調べるとき、表に表すとわかりやすくなります。]

❶ 周りの長さが 20 cm の長方形をかきます。　📖教下65ページ❶　50点(1つ10)

① 横の長さとたての長さを、下の表に整理しましょう。

横の長さ（cm）	1	2	3	4	5	6	7	8	9
たての長さ（cm）									

② 横の長さが1cm、2cm、……とふえると、たての長さはどのように
変わるでしょうか。

(ア　　　　　) cm ずつ(イ　　　　　)。

③ 横の長さとたての長さの関係を、言葉の式で表します。

（　）にはあてはまる言葉を、□にはあてはまる数を書きましょう。

横の長さ＋(ウ　　　　　　)＝ (エ □) cm

❷ ❶ の長方形で、横の
長さを1cmから9cmま
で変えたときの、横の長
さとたての長さの関係を
グラフに表しましょう。

📖教下65ページ❶　50点

長方形の横の長さとたての長さ

（cm）

たての長さ
9
8
7
6
5
4
3
2
1
0

0　1　2　3　4　5　6　7　8　9 （cm）
横の長さ

13 変わり方 ……(2)

1 1辺が2cmの正方形を、下の図のようにならべていきます。

📖教 下68ページ❷　60点(1つ20)

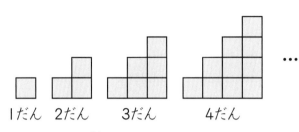

1だん　2だん　　3だん　　　4だん

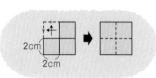

① だんの数と周りの長さを、下の表に整理しましょう。

だんの数　　（だん）	1	2	3	4	5	6
周りの長さ　　（cm）						

② だんの数を○だん、周りの長さを△cm として、○と△の関係を式に表しましょう。　　　　（　　　　　　　　　）

③ 周りの長さが120cmになるのは、何だんのときでしょうか。

（　　　　　　　　　）

2 1本40円のえんぴつを買うときの代金について調べます。　📖教 下70ページ❸

40点(1つ10)

① えんぴつの本数と代金を、下の表に整理しましょう。

えんぴつの本数（本）	1	2	3	4	5	6	7	8
代金　　　　　（円）								

② えんぴつの数が1本、2本、……とふえると、代金はどのように変わるでしょうか。

（⑦　　　　　）円ずつ（⑦　　　　　）。

③ えんぴつの本数を○本、代金を△円として、○と△の関係を式に表しましょう。

（　　　　　　　　　）

教科書 📖 下68〜70ページ

時間 15分 ｜ 合かく 80点 ｜ /100

月 日

サクッと
こたえ
あわせ

答え 92ページ

14 そろばん
数の表し方／そろばんの計算

① そろばんに入れた次の数をよみましょう。 📖教下72ページ❶、73ページ❷ 15点(1つ5)

① ② ③

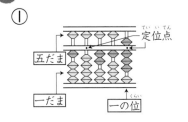

定位点
五だま
一だま
一の位

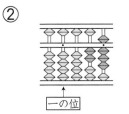

一の位

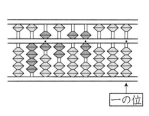

一の位

(　　　　) (　　　　) (　　　　)

② 64＋23 の計算をします。□にあてはまる数を書きましょう。

📖教下73ページ❸ 20点(1つ5)

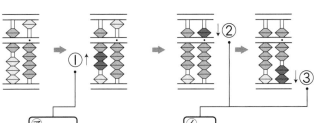

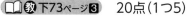

$64+23=$ エ

① ア を入れる。② イ を入れて、③ ウ をとる。

③ 46－22 の計算をします。□にあてはまる数を書きましょう。

📖教下73ページ❹ 20点(1つ5)

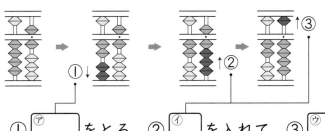

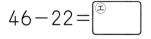

$46-22=$ エ

① ア をとる。② イ を入れて、③ ウ をとる。

④ そろばんで計算をしましょう。 📖教下74ページ❺ 45点(1つ15)

① 123兆＋56兆 ② 1.43－0.08 ③ 23.427＋0.82

教科書 📖 下72〜74ページ

垂直、平行と四角形／式と計算／面積

1 下のような四角形をかきましょう。　　　　20点

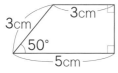

2 計算をしましょう。　　　　50点(1つ5)

① $500-(160+40)$

② $700÷(47-37)$

③ $18×5+25×8$

④ $54÷6-63÷9$

⑤ $360÷(6×4)$

⑥ $45÷9+7×5$

⑦ $200÷20-9$

⑧ $70-(35+25)-10$

⑨ $80×(50-10×3)$

⑩ $80×50-10×3$

3 右の図のような長方形について考えます。

30点(1つ15)

① 横の長さを求めましょう。

(　　　　　　　)

② たての長さを変えずに横の長さを9cmに
変えると、面積は何 cm² になるでしょうか。

(　　　　　　　)

9cm　135cm²　□cm

整理のしかた／小数のしくみとたし算、ひき算／変わり方

1 下の表は、コーヒーを飲むときにミルクとさとうを入れるかどうかについて、13人にたずねた答えをまとめたものです。

次の人数を求め、表の中に書きましょう。　40点(1つ10)

① ミルクを入れる人の数

② ミルクを入れない人の数

③ さとうを入れない人の数

④ ミルクもさとうも入れない人の数

コーヒーを飲むときに入れるもの　（人）

| | | ミルク | | 合計 |
		入れる	入れない	
さとう	入れる	4	2	6
	入れない	3	④	③
合　計		①	②	13

2 計算をしましょう。　30点(1つ5)

① 3.656＋1.25　　② 42.38＋0.74　　③ 8＋0.013

④ 5.64－1.064　　⑤ 0.74－0.08　　⑥ 1－0.072

3 1辺が1cmの正方形があります。辺の長さを2cm、3cm、……とのばしていくと、周りの長さはどのように変わるか調べます。　30点(1つ15)

① 1辺の長さを○cm、周りの長さを△cmとして、○と△の関係を式に表しましょう。

(　　　　　　　　　　　　　)

② 周りの長さが36cmのときの1辺の長さを求めましょう。

(　　　　　　　　　　　　　)

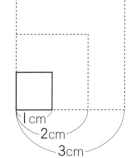

1cm
2cm
3cm

きほんの
ドリル
60.

時間 15分 ｜ 合かく 80点 ｜ /100

月　日
サクッと
こたえ
あわせ
答え 92ページ

15　小数と整数のかけ算、わり算

小数に整数をかける計算　　　　　　　　……(1)

[1.6×4 の計算は 0.1 をもとにして考えると、16×4 の積が使えます。]

❶ 1.6×4 の計算のしかたを考えます。

□にあてはまる数を書きましょう。　📖教 下77ページ❶、79ページ❷　　20点(1つ5)

1.6　　→0.1 が ①□ こ分

1.6×4→0.1 が (②□ ×③4) こ分

　　　　→1.6×4=④□

②×③は
整数のかけ算だから
計算できるね。

❷ 計算をしましょう。　📖教 下77ページ❶、79ページ❷、81ページ❸　　80点(1つ5)

① 　0.6
　×　3

② 　0.3
　×　7

③ 　4.3
　×　2

④ 　4.3
　×　3

⑤ 　5.1
　×　7

⑥ 　4.2
　×　7

⑦ 　2.4
　×　8

⑧ 　6.5
　×　5

⑨ 　10.8
　×　　7

⑩ 　15.3
　×　　4

⑪ 　12.4
　×　　6

⑫ 　0.6
　×22

⑬ 　0.3
　×74

⑭ 　1.8
　×32

⑮ 　2.7
　×28

⑯ 　5.3
　×16

教科書 📖 下77〜81ページ

15　小数と整数のかけ算、わり算
小数に整数をかける計算　　　　　　　……(2)

サクッと こたえ あわせ
答え 92ページ

[小数のかけ算では、積の小数点をうつ位置に気をつけましょう。]

❶ 計算をしましょう。　📖教 下81ページ❹　　　16点(1つ4)

① 　　1.25
　　×　　 5

② 　　4.14
　　×　　 3

③ 　　0.28
　　×　　 6

④ 　　3.51
　　×　　42

[1.5×6 の積のように $\frac{1}{10}$ 以下の位が全て0になるときは、小数点とその後の0を消します。]

❷ 計算をしましょう。　📖教 下82ページ❺　　　42点(1つ7)

① 　　1.6
　　×　 5

② 　　6.2
　　×　 5

③ 　　0.5
　　×　 8

④ 　　12.5
　　×　　 4

⑤ 　　1.46
　　×　　 5

⑥ 　　23.4
　　×　　35

8.0 は8と同じ 大きさだね。 小数点と0を消して 答えよう。

❸ 計算をしましょう。　📖教 下82ページ❻　　　42点(1つ7)

① 　　0.123
　　×　　 4

② 　　0.256
　　×　　 7

③ 　　0.045
　　×　　 4

④ 　　1.233
　　×　　12

⑤ 　　1.024
　　×　　15

⑥ 　　0.082
　　×　　59

教科書 📖 下81〜82ページ

時間 15分　合かく 80点 ／100　月　日

サクッとこたえあわせ　答え 93ページ

15　小数と整数のかけ算、わり算

小数を整数でわる計算　……(1)

[7.2÷4 の計算は 0.1 をもとにして考えると、72÷4 の商が使えます。]

1 7.2÷4 の計算のしかたを考えます。

□にあてはまる数を書きましょう。　教 下83ページ**7**　20点(1つ5)

7.2　　　→ 0.1 が ①□ こ分

7.2÷4 → 0.1 が (②□ ÷ ③4) こ分

→7.2÷4=④□

②÷③は整数のわり算だね。

2 計算をしましょう。　教 下85ページ**8**　80点(1つ10)

①
$$5 \overline{)\ 6.5}$$

②
$$7 \overline{)\ 9.1}$$

③
$$2 \overline{)\ 9.4}$$

④
$$7 \overline{)\ 3\,2.2}$$

⑤
$$8 \overline{)\ 5\,8.4}$$

⑥
$$9 \overline{)\ 4\,6.8}$$

⑦
$$5 \overline{)\ 7\,3.5}$$

⑧
$$6 \overline{)\ 9\,7.8}$$

商の小数点をうつことがポイントだね。

けた数がふえてもだいじょうぶですよ。

教科書 下83〜85ページ

きほんの
ドリル
63.

時間 15分 ｜ 合かく 80点 ｜ /100 ｜ 月 日

サクッと
こたえ
あわせ
答え 93ページ

15 小数と整数のかけ算、わり算
小数を整数でわる計算 ……(2)

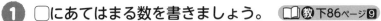
[一の位に商がたたないときは、一の位に0を書き、小数点をうってから計算します。]

1 □にあてはまる数を書きましょう。 📖教 下86ページ **9**　　　10点(1つ5)

①
```
   0 . □
3 ) 2 . 4
    2   4
        0
```

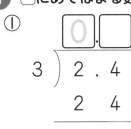
一の位に商が
たたないときは
一の位に0を
書くんだよ。

②
```
   □ . □
8 ) 5 . 6
    5   6
        0
```

⚠️ミスに注意！

2 計算をしましょう。 📖教 下86ページ **9**、**10**、87ページ **11**、**12**　　90点(1つ10)

① 6) 4.2　　② 4) 0.8　　③ 12) 21.6　　④ 38) 22.8

⑤ 76) 516.8　　⑥ 7) 8.96

小数点の
位置に
気をつけましょう。

⑦ 24) 37.68　　⑧ 28) 3.472　　⑨ 3) 0.792

15 小数と整数のかけ算、わり算
わり進むわり算

[わられる数の小数点より右の位に、0を書きたしながら、わり進むことがあります。]

1 わりきれるまで計算しましょう。 📖教下88ページ⓭　　50点(1つ10)

①
$$5\overline{)4.80}$$

4.8を4.80と
みると、まだ
計算できるね。

②
$$4\overline{)25.4}$$

③
$$6\overline{)43.5}$$

④
$$8\overline{)3.72}$$

⑤
$$15\overline{)1.23}$$

2 わりきれるまで計算しましょう。 📖教下88ページ⓮　　50点(1つ10)

①
$$4\overline{)11}$$

11を11.0とみるんだ。
商の小数点も必要だね。

②
$$5\overline{)17}$$

0を書きたしながら
計算をつづけよう。

③
$$8\overline{)52}$$

④
$$75\overline{)9}$$

⑤
$$25\overline{)1}$$

教科書 📖 下88ページ

きほんの ドリル
65.

| 時間 **15**分 | 合かく **80**点 | /**100** |

サクッと こたえ あわせ

答え **94**ページ

15 小数と整数のかけ算、わり算
商の四捨五入

[商を四捨五入して、がい数で表すことができます。]

❶ 18cm のリボンを 7 等分します。 1 本分は約何 cm でしょうか。
商は四捨五入して、$\frac{1}{10}$ の位までのがい数で求めましょう。 📖**教**下89ページ**⓯**

20点(式10・答え10)

式

$$7)\overline{18.0} \quad \begin{array}{r} 6 \\ 2.5\,7\cdots \end{array}$$

答え （　　　　　　　　　）

❷ 5kg のねん土を 18 人で等分します。 1 人分は約何 kg になるでしょうか。商は四捨五入して、$\frac{1}{100}$ の位までのがい数で求めましょう。

📖**教**下89ページ**⓯**　　20点(式10・答え10)

式

答え （　　　　　　　　　）

❸ 商は四捨五入して、$\frac{1}{10}$ の位までのがい数で求めましょう。 📖**教**下89ページ**◈**

60点(1つ10)

① 6.9÷13　　　② 4÷6　　　③ 38.5÷9

④ 7.4÷7　　　⑤ 22.4÷12　　　⑥ 12.4÷21

時間 15分 | 合かく 80点 | /100

月　日

サクッと
こたえ
あわせ

答え 94ページ

15 小数と整数のかけ算、わり算
あまりのあるわり算

[あまりを求めるとき、あまりの小数点は、わられる数の小数点にそろえてうちます。]

❶ 25.5Lの牛にゅうを4Lずつびんに入れていきます。4Lのびんは何本できて、牛にゅうは何Lあまるでしょうか。　📖教下90ページ⑯　28点(1つ4)

式　⑦ [　　　　　　　　　　　　　　　]

答え　⑦ [　　] 本できて、⑦ [　　] L あまる。

計算のたしかめ

わる数×商＋あまり＝わられる数

⑨ [　　] × ⑦ [　　] ＋ ⑪ [　　] ＝ ⑫ [　　]

❷ 82.3cmのテープを5cmずつ切って、しおりを作ります。
5cmのしおりは何まいできて、何cmあまるでしょうか。

📖教下90ページ⑯　12点(1つ4)

式　⑦ [　　　　　　　　　　　　　　　]

答え　⑦ [　　] まいできて、⑦ [　　] cm あまる。

❸ 商は $\frac{1}{10}$ の位まで求めて、あまりも求めましょう。　📖教下90ページ◆

60点(1つ10)

① 7)9.4

② 9)37.6

③ 31)12.5

④ 17)86.2

⑤ 14)55

⑥ 11)6

教科書 📖 下90ページ

時間 15分 合かく 80点 /100

月　日

サクッとこたえあわせ

答え 94ページ

15　小数と整数のかけ算、わり算

倍の計算

[1.5 倍や 0.5 倍のように、何倍かを表す数が小数になることもあります。]

1 下のような長さのリボンがあります。 教 下91ページ17　40点(式10・答え10)

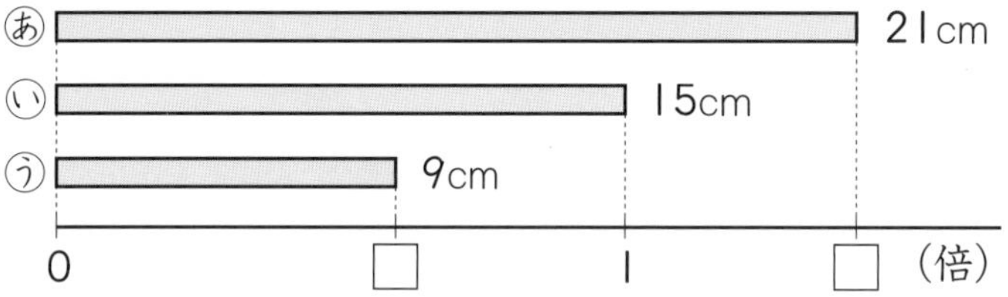

① あのリボンの長さはいのリボンの長さの何倍でしょうか。

式

答え (　　　　　　)

② うのリボンの長さはいのリボンの長さの何倍でしょうか。

式

答え (　　　　　　)

2 右の表は、校庭にある木の高さをはかったものです。 教 下92ページ18　60点(式10・答え10)

	高さ(m)
まつ	10
いちょう	6
さくら	4
うめ	3

① まつの高さはさくらの高さの何倍でしょうか。

式

答え (　　　　　　)

② いちょうの高さはさくらの高さの何倍でしょうか。

式

答え (　　　　　　)

③ うめの高さはさくらの高さの何倍でしょうか。

式

答え (　　　　　　)

まとめの
ドリル
68。

時間 15分　合かく 80点 ／100

月　　日

サクッと
こたえ
あわせ
答え 94ページ

15　小数と整数のかけ算、わり算

1 計算をしましょう。わり算は、わりきれるまで計算しましょう。　60点(1つ10)

①
```
   4.7
×    8
```

②
```
  6.2 9
×     4
```

③
```
  2.7 5
×   1 2
```

④
```
 7)1 1.2
```

⑤
```
 3 8)8 7.4
```

⑥
```
 2 5)4.5
```

2 1.5Lのジュースが12本あります。全部で何Lになるでしょうか。
20点(式10・答え10)

式

答え（　　　　　　　　）

3 38.5kgのお米があります。6kgずつふくろに入れていくと、何ふくろに分けられて、何kgあまるでしょうか。　20点(式10・答え1つ5)

式

答え　① ［　　］ふくろに分けられて、② ［　　］kgあまる。

教科書 下77〜95ページ

サクッと
こたえ
あわせ

答え 94ページ

16 立体
直方体と立方体

[長方形だけでかこまれた形や、長方形と正方形でかこまれた形を直方体といいます。
また、正方形だけでかこまれた形を立方体といいます。]

1 下のあと○の箱について調べます。□にはあてはまる数を、（　）にはあてはまる
言葉を書きましょう。　教下101ページ❶、103ページ❷　　　40点(1つ10)

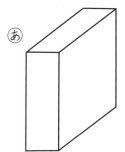
あ

○

どんな特ちょうが
あるでしょうか。

① あは長方形と正方形でかこまれた図形だから(　　　　　　)です。

② あには、長方形の面が⑦□つ、正方形の面が①□つあります。

③ 正方形だけでかこまれた○の形を(　　　　　　)といいます。

2 右のような直方体があります。　教下101ページ❶、103ページ❷　　60点(1つ10)

① 頂点はいくつあるでしょうか。

(　　　　　　　　)

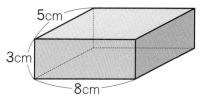
5cm
3cm
8cm

② 長さが3cm、5cm、8cmの辺は、それぞれいくつあるでしょうか。

3cm(　　　　) 5cm(　　　　) 8cm(　　　　)

③ 長方形の面はいくつあるでしょうか。
また、正方形の面はあるでしょうか。

長方形(　　　　) 正方形(　　　　)

時間 15分 ｜ 合かく 80点 ｜ /100 ｜ 月 日

サクッと
こたえ
あわせ
答え 94ページ

16 立体
面や辺の垂直、平行

[直方体の向かい合った面は平行です。また、となり合った面は垂直です。]

1 右のような直方体があります。
次の2つの面は、平行でしょうか、垂直でしょうか。 📖教下105ページ4

20点(1つ10)

① 面あと面い

( )

② 面おと面か

( )

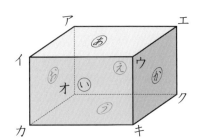

[1つの面と、その面に平行な面にふくまれている辺は、平行です。]

2 **1**の直方体について答えましょう。 📖教下106ページ5　　60点(1つ15)

① 面おに平行な辺と垂直な辺を、それぞれすべて書きましょう。

平行な辺( )

垂直な辺( )

② 辺イウに平行な面と垂直な面を、それぞれすべて書きましょう。

平行な面( )　垂直な面( )

[直方体のとなり合った辺は垂直です。平行な辺は、平行な面にふくまれます。]

3 **1**の直方体について、次の辺をすべて書きましょう。 📖教下107ページ6

20点(1つ10)

① 辺エクと垂直な辺

( )

② 辺アイと平行な辺

( )

垂直な辺は4つ、
平行な辺は3つ
あるね。

教科書 📖 下105〜107ページ

きほんの
ドリル
71。

16 立体
展開図と見取図

時間 15分　合かく 80点　／100

月　日

サクッと
こたえ
あわせ
答え 95ページ

[立体を辺にそって切り開いて、平面の上に広げてかいた図を、展開図といいます。]

❶ たて3cm、横8cm、高さ2cmの直方体の展開図をかきましょう。

📖教下108ページ🈞　30点

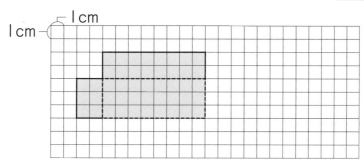

[展開図から、組み立ててできる立体を考えることができます。]

❷ 右の展開図を組み立ててできる直方体について、次の点、辺、面をすべて答えましょう。 📖教下109ページ🈤

30点(1つ10)

① 点アと重なる点

（　　　　　　　　　　）

② 辺ウエと重なる辺

（　　　　　　　　　　）

③ 面⑤と垂直な面

（　　　　　　　　　　）

[見ただけで全体のおよその形がわかる図を、見取図といいます。]

❸ 下は直方体や立方体の見取図で、3つの辺がかいてあります。
つづきをかきましょう。 📖教下110ページ🈤

40点(1つ20)

①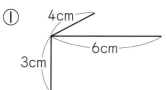
4cm
3cm
6cm

②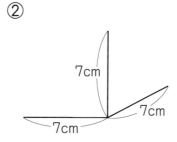
7cm
7cm
7cm

教科書 📖 下108〜110ページ

16 立体
位置の表し方

[平面上の点の位置は、2つの長さの組で表すことができます。
空間にある点の位置は、3つの長さの組で表すことができます。]

1 みくさんとあきらさんは、下の図を使ってボードゲームをしています。□にあてはまる数を書きましょう。 教下111ページ🔟、112ページ⓫ 　70点(1つ10)

① みくさんのこまの位置は、スタート地点から横に何cm、たてに何cmのところにあるといえるでしょうか。

(横 □ cm、たて □ cm)

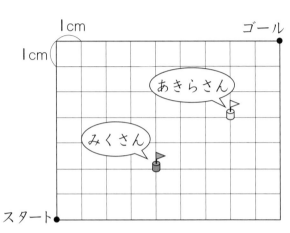

② あきらさんのこまの位置は、スタート地点から横に何cm、たてに何cmのところにあるといえるでしょうか。

(横 □ cm、たて □ cm)

③ みくさんのこまの高さは5cmです。スタート地点をもとにして、みくさんのこまのてっぺんの位置を表しましょう。

(横 □ cm、たて □ cm、高さ □ cm)

2 右のような直方体について、頂点アをもとにした位置を、横、たて、高さの順に答えましょう。 教下112ページ◈ 　30点(1つ15)

① 頂点キの位置

(　　　　　)

② 頂点クの位置

(　　　　　)

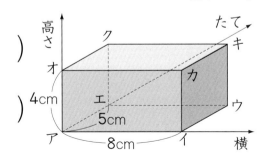

時間 15分 ｜ 合かく 80点 ｜ ／100 ｜ 月　日

サクッと
こたえ
あわせ
答え 95ページ

17 分数の大きさとたし算、ひき算
1より大きい分数 ……(1)

[分数には、真分数と仮分数があります。整数と真分数の和で表されている分数を帯分数といいます。]

❶ （　）にあてはまる言葉を書きましょう。　教下117ページ❶　15点(1つ5)

① 分子が分母より小さい分数を（　　　　　　　）といいます。

② 分子と分母が等しいか、分子が分母より大きい分数を（　　　　　　　）といいます。

③ 整数と真分数の和で表されている分数を（　　　　　　　）といいます。

❷ 次の数を真分数、仮分数、帯分数に分けましょう。　教下117ページ❶
15点(1つ5)

$$\frac{4}{3} \qquad \frac{4}{5} \qquad 1\frac{1}{6} \qquad \frac{7}{7} \qquad \frac{5}{9} \qquad \frac{9}{5} \qquad 5\frac{5}{9}$$

真分数（　　　　　　　）　仮分数（　　　　　　　）　帯分数（　　　　　　　）

❸ 下の水のかさを仮分数と帯分数で表しましょう。　教下119ページ◇
10点(1つ5)

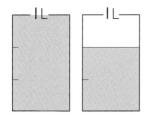

仮分数（　　　　　　　）　帯分数（　　　　　　　）

❹ 数の大小をくらべて、□に不等号を書きましょう。　教下119ページ◇
60点(1つ10)

① $\frac{11}{8}$ □ $\frac{1}{8}$　　② $\frac{7}{4}$ □ $\frac{9}{4}$　　③ 1 □ $\frac{4}{3}$

④ $2\frac{3}{7}$ □ $3\frac{2}{7}$　　⑤ $1\frac{1}{3}$ □ $1\frac{2}{3}$　　⑥ $3\frac{2}{5}$ □ $2\frac{4}{5}$

教科書 下116〜119ページ

きほんの
ドリル
74

時間 15分 ｜ 合かく 80点 ｜ /100 ｜ 月　日

サクッと
こたえ
あわせ

答え 95ページ

17　分数の大きさとたし算、ひき算

1より大きい分数　　　　　　……(2)

[仮分数は帯分数か整数になおすことができます。]

❶ $\frac{9}{4}$ を帯分数で表します。□にあてはまる整数を書きましょう。

教下120ページ❹　30点(1つ5)

① $\frac{9}{4}$ は $\frac{1}{4}$ の ⑦ 9 こ分です。

② $\frac{1}{4}$ が4こで ① 1 、$\frac{1}{4}$ が8こで ⑦ □ ですから、$\frac{9}{4}$ は ① □ と $\frac{1}{4}$ をあわせた数です。

③ $\frac{9}{4}$ を帯分数で表すと ⑦ □ ⑦ $\frac{□}{4}$ となります。

❷ 次の数を、仮分数は帯分数か整数で、帯分数は仮分数で表しましょう。

教下120ページ❸、❹　50点(1つ10)

① $\frac{7}{4}$　　　　　　　（　　　　　）　② $\frac{8}{3}$　　　　　　　（　　　　　）

③ $\frac{15}{5}$　　　　　　　（　　　　　）　④ $3\frac{1}{6}$　　　　　　（　　　　　）

⑤ $7\frac{2}{3}$　　　　　　　（　　　　　）

❸ （　）の中の数を大きい順にならべましょう。　教下121ページ❺　20点(1つ10)

① $\left(\frac{12}{7}、1\frac{3}{7}、2\right)$　　　　　　　　（　　　　　　　　）

② $\left(\frac{8}{5}、2\frac{3}{5}、1\right)$　　　　　　　　（　　　　　　　　）

教科書 下120〜121ページ

17 分数の大きさとたし算、ひき算
大きさの等しい分数

[分数には、分母や分子がちがっても大きさの等しい分数があります。]

❶ 右の数直線を使って、分数の大きさを調べましょう。 📖 教下122ページ❼

20点(1つ10)

① $\frac{1}{3}$ と大きさの等しい分数を１つ書きましょう。

$$0 \quad \frac{1}{2} \quad 1$$
$$0 \quad \frac{1}{3} \quad 1$$
$$0 \quad \frac{1}{4} \quad 1$$
$$0 \quad \frac{1}{5} \quad 1$$
$$0 \quad \frac{1}{6} \quad 1$$
$$0 \quad \frac{1}{7} \quad 1$$
$$0 \quad \frac{1}{8} \quad 1$$
$$0 \quad \frac{1}{9} \quad 1$$
$$0 \quad \frac{1}{10} \quad 1$$

(   )

② $\frac{2}{3}$ と大きさの等しい分数を２つ書きましょう。

(、   )

❷ 数の大小をくらべて、□に不等号を書きましょう。 📖 教下123ページ⑧

80点(1つ10)

① $\frac{1}{4}$ □ $\frac{1}{2}$ ② $\frac{6}{2}$ □ $\frac{6}{3}$ ③ $\frac{9}{8}$ □ $\frac{4}{3}$

④ $\frac{7}{6}$ □ $\frac{8}{7}$ ⑤ $1\frac{1}{5}$ □ $\frac{6}{2}$ ⑥ $\frac{19}{9}$ □ $2\frac{1}{8}$

⑦ $1\frac{1}{7}$ □ $1\frac{1}{3}$ ⑧ $\frac{4}{3}$ □ $1\frac{1}{4}$

時間 15分　合かく 80点　／100

サクッと
こたえ
あわせ

17　分数の大きさとたし算、ひき算
分数のたし算とひき算　　　　　　……（1）　　答え 96ページ

$$\left[\frac{1}{5}と\frac{2}{5}の和は、\frac{1}{5}が（1＋2）こ分で、\frac{1}{5}＋\frac{2}{5}＝\frac{3}{5}となります。\right]$$

1 □にあてはまる数を書きましょう。　📖教下124ページ 8　　35点（1つ5）

① $\frac{1}{5}＋\frac{3}{5}…$（ア）□が（1＋3）こ分…$\frac{1}{5}＋\frac{3}{5}＝$（イ）□

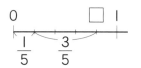

② $\frac{3}{7}＋\frac{2}{7}…\frac{1}{7}$が（3＋2）こ分…$\frac{3}{7}＋\frac{2}{7}＝$（ウ）□

③ $\frac{4}{9}＋\frac{5}{9}＝$（エ）□　整数で表せるから、（オ）□

④ $\frac{5}{8}＋\frac{6}{8}＝$（カ）□　帯分数になおすと、（キ）□

2 □にあてはまる数を書きましょう。　📖教下125ページ 9、10　　25点（1つ5）

① $2\frac{3}{7}＋2\frac{5}{7}＝4\dfrac{\text{（ア）}□}{7}$

　　　$＝\text{（イ）}□\dfrac{\text{（ウ）}□}{7}$

帯分数は
整数と真分数の
和で表すので…

② $1\frac{3}{4}＋3\frac{1}{4}＝4\dfrac{\text{（エ）}□}{4}$

　　　$＝\text{（オ）}□$

3 計算をしましょう。和が1より大きいときは、整数か帯分数になおしましょう。
📖教 下124ページ 8、125ページ 9、10　　40点（1つ5）

① $\frac{7}{3}＋\frac{4}{3}$　② $\frac{7}{6}＋\frac{5}{6}$　③ $\frac{13}{5}＋\frac{9}{5}$　④ $\frac{4}{6}＋\frac{3}{6}$

⑤ $2\frac{1}{7}＋\frac{4}{7}$　⑥ $1\frac{3}{8}＋2\frac{4}{8}$　⑦ $3\frac{7}{9}＋1\frac{4}{9}$　⑧ $3\frac{2}{9}＋2\frac{7}{9}$

教科書 📖 下124〜125ページ

17　分数の大きさとたし算、ひき算
分数のたし算とひき算　……(2)

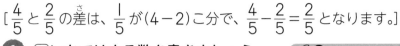

[$\frac{4}{5}$ と $\frac{2}{5}$ の差は、$\frac{1}{5}$ が(4−2)こ分で、$\frac{4}{5} - \frac{2}{5} = \frac{2}{5}$ となります。]

1 □にあてはまる数を書きましょう。　📖教 下126ページ⓫、127ページ⓬、⓭　45点(1つ5)

① $\frac{5}{7} - \frac{1}{7}$ …⑦□ が(5−1)こ分…$\frac{5}{7} - \frac{1}{7} =$ ④□

② $2\frac{4}{5} - 1\frac{3}{5}$ …整数と真分数に分けて…$2\frac{4}{5} - 1\frac{3}{5} =$ ⑨□

③ $4\frac{1}{4} - 1\frac{3}{4}$ …整数と仮分数に分けて…$4\frac{1}{4} - 1\frac{3}{4} = 3\frac{⊥□}{4} - 1\frac{3}{4} =$ ㋛□

④ $1\frac{2}{9} - \frac{4}{9}$ … $1\frac{2}{9}$ を仮分数になおして… $1\frac{2}{9} - \frac{4}{9} =$ ㋖□ $- \frac{4}{9} =$ ㋗□

⑤ $1 - \frac{2}{5}$ …1を分母が5の分数で表して…$1 - \frac{2}{5} =$ ㋘□ $- \frac{2}{5} =$ ㋙□

2 計算をしましょう。　📖教 下126ページ⓫、127ページ⓬、⓭　55点(1つ5)

① $\frac{7}{5} - \frac{1}{5}$　② $\frac{9}{8} - \frac{2}{8}$　③ $\frac{9}{7} - \frac{8}{7}$　④ $\frac{15}{9} - \frac{10}{9}$

⑤ $3\frac{5}{9} - 1\frac{4}{9}$　⑥ $4\frac{8}{11} - 2\frac{3}{11}$　⑦ $1\frac{3}{10} - \frac{6}{10}$　⑧ $1\frac{1}{4} - \frac{2}{4}$

⑨ $2\frac{3}{9} - \frac{7}{9}$　⑩ $1 - \frac{1}{7}$　⑪ $3 - 2\frac{1}{12}$

時間 15分　合かく 80点　/100　月　日

答え 96 ページ

サクッと
こたえ
あわせ

大きな数／折れ線グラフ／角／
2けたの数のわり算／がい数

1 次の数を数字で書きましょう。　　　20点(1つ10)

① 450万の100倍の数　　② 72億400万の $\frac{1}{100}$ の数

（　　　　　　　）　　（　　　　　　　）

2 次のことをグラフで表すとき、折れ線グラフで表すとよいものをすべて選びましょう。　　　10点

ⓐ　5日ごとにはかったヒマワリの高さ

ⓘ　同じ日に調べた、ある花だんのヒマワリのそれぞれの高さ

ⓤ　1か月ごとにはかったある人の体重

ⓔ　ある花屋で売れているチューリップの色とその数

（　　　　　　　）

3 下のⓐ、ⓘの角度を、それぞれはかりましょう。　　　20点(1つ10)

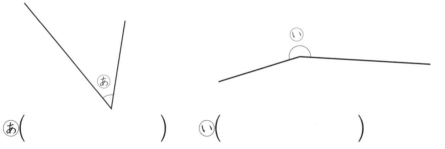

ⓐ（　　　　　　　）　ⓘ（　　　　　　　）

4 計算をしましょう。商は一の位まで求めて、あまりも求めましょう。30点(1つ10)

① 368÷23　　② 639÷91　　③ 601÷12

5 四捨五入して、（　）の中の位までのがい数で表しましょう。　　　20点(1つ10)

① 4295603（一万の位）　　② 15482（上から2けた）

（　　　　　　　）　（　　　　　　　）

学年末の
ホームテスト
79.

時間 15分　合かく 80点　／100

月　　日

サクッと
こたえ
あわせ
答え 96ページ

式と計算／面積／小数のしくみとたし算、ひき算

1 計算をしましょう。　　　　　　　　　　　　　　　15点(1つ5)
① 23×4−72÷4　② 35−35÷5　③ 12+3×(7+24÷3)

2 くふうして計算しましょう。　　　　　　　　　　　30点(1つ5)
① 72+57+28　② 32×25×4　③ 79×5−68×5

④ 99×15　⑤ 68×8+32×8　⑥ 101×32

3 面積が 64cm² の長方形を作ります。　　　　　　10点(1つ5)
① たての長さを 2cm とすると、横の長さは
何 cm でしょうか。　　　　　　　　　　（　　　　　　　）
② 横の長さを 4cm とすると、たての長さは
何 cm でしょうか。　　　　　　　　　　（　　　　　　　）

4 次の☐にあてはまる数を書きましょう。　　　　　30点(1つ10)
① 5m²=☐ア cm²　　② 6ha=☐イ a=☐ウ m²

5 計算をしましょう。　　　　　　　　　　　　　　　15点(1つ5)
① 4.25+0.75　② 0.257−0.06　③ 3−0.03

変わり方／小数と整数のかけ算、わり算／
立体／分数の大きさとたし算、ひき算

 1 1m 80円のリボンを何mか買います。　20点(1つ10)

① リボンの長さを○m、代金を△円として、○と△の関係を式に表しましょう。　　(　　　　　　　　)

② リボンの長さと代金の関係を、下の表に整理しましょう。

リボンの長さ　○(m)	1	2		4			7	8	
代金　　　　　△(円)			240		400	480			720

 2 計算をしましょう。わり算はわりきれるまで計算しましょう。　30点(1つ10)

① 20.5×13　　　② 51÷6　　　③ 11.4÷12

 3 次の直方体や立方体の見取図をかきましょう。　20点(1つ10)

① たて3cm、横4cm、高さ2cmの直方体　　② 1辺が3cmの立方体

4 計算をしましょう。答えが1より大きい場合は、整数か帯分数にしましょう。

30点(1つ10)

① $\dfrac{18}{13}+\dfrac{8}{13}$　　　② $3\dfrac{2}{5}-1\dfrac{3}{5}$　　　③ $7\dfrac{1}{4}-6\dfrac{3}{4}$

● ドリルやテストが終わったら、うしろの「がんばり表」に色をぬりましょう。
● まちがえたら、かならずやり直しましょう。「考え方」もよみ直しましょう。

1. 1 大きな数 （1ページ）

❶ ①六百三十二億五千二百万千六百七十
②三十一兆四千五百億七千万

❷ ①5000702000000000
②2002401250000

❸ あ26億　い45億

❹ ①79　②7

❺ ⑦132億＋35億　⑦167億
⑨132億－35億　⑤97億

考え方 **❶** 大きな数は、次のように4けたごとに区切ってよみます。
632:5200:1670
↑
百億の位
❷ 4けたごとに区切ってたしかめましょう。
❹ 1億や1兆をもとにして考えます。

2. 1 大きな数 （2ページ）

❶ ①⑦　　436:0000:0000
　　⑦　4:3600:0000:0000
　　⑨　43:6000:0000:0000
②⑤1　⑦上がり　⑨1　⑨下がり

❷ ①987654321　②1023456789

考え方 **❶** 10倍すると、右に0が1つふえます(位が1つ上がります)。
$\frac{1}{10}$にすると、右の0が1つへります(位が1つ下がります)。
❷ ①位が上の数ほど大きい数にします。
②位が上の数ほど小さい数にします。なお、いちばん上の位に0は使えませんので、1を使います。

3. 1 大きな数 （3ページ）

❶ ①⑦9　⑦7　⑨5　⑤2　⑦5
⑨7　⑨42575　②⑨42575

2

❷ ①
```
   312
 × 122
   624
  624
 312
 38064
```
②
```
   741
 × 326
  4446
 1482
2223
241566
```
③
```
    727
 ×  308
   5816
 2181
 223916
```

❸ ①336000　②2880億
③1800兆

考え方 **❷** 筆算のときは、位の位置に気をつけて数字を書きます。くり上がりにも注意して計算をしましょう。

4. 2 わり算の筆算 （4ページ）

❶ ⑦12　⑦4　⑨14
⑤1　⑦4　⑨1

❷ ①
```
    16
 5)80
   5
   30
   30
    0
```
②
```
    25
 3)77
   6
   17
   15
    2
```
③
```
    17
 4)70
   4
   30
   28
    2
```

❸ ①⑦24　⑦2
②⑨24　⑤2　⑦98

考え方 **❸** 答えのたしかめは、次の式です。
わる数×商＋あまり＝わられる数

5. 2 わり算の筆算 （5ページ）

❶ ①⑦6　⑦4　⑨8　⑤0
②⑦6　⑦4　⑨2　⑤6
③⑦9　⑦0　⑨0　⑤2

❷
① 32
3)96
9
6
6
0

② 11
3)33
3
3
3
0

③ 10
7)75
7
5

④ 9
9)83
81
2

⑤ 20
3)60
6
0

考え方 ❷ ③
10
7)75
7
05
はぶく↑0
5……はぶく

→6. 2 わり算の筆算 6ページ

❶
① 200
2)400
4
0

② 300
3)900
9
0

③ 176
5)880
5
38
35
30
30
0

④ 131
7)917
7
21
21
7
7
0

⑤ 124
8)995
8
19
16
35
32
3

❷
① 209
4)836
8
36
36
0

② 240
4)962
8
16
16
2

③ 306
3)918
9
18
18
0

④ 208
3)625
6
25
24
1

⑤ 102
9)920
9
20
18
2

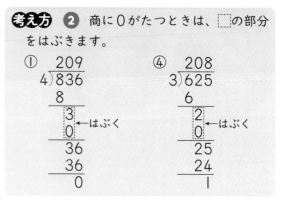

考え方 ❷ 商に0がたつときは、□の部分をはぶきます。

① 209
4)836
8
[3]←はぶく
[0]
36
36
0

④ 208
3)625
6
[2]←はぶく
[0]
25
24
1

→7. 2 わり算の筆算 7ページ

❶ ①㋐7 ㋑4 ㋒74 ②㋓74

❷
① 95
3)285
27
15
15
0

② 84
4)336
32
16
16
0

③ 85
7)596
56
36
35
1

④ 62
6)374
36
14
12
2

⑤ 50
8)407
40
7

⑥ 50
5)250
25
0

考え方 ❶ 3÷5はできないので百の位に商はたちません。37÷5を計算して十の位に商がたちます。

→8. 2 わり算の筆算 8ページ

❶ ①㋐60 ㋑20 ㋒9 ㋓3 ㋔23
㋕23
②㋖60 ㋗20 ㋘12 ㋙4 ㋚24
㋛24

❷ ①21 ②33 ③24 ④17 ⑤29
⑥18 ⑦16 ⑧12 ⑨48 ⑩19

考え方 ❶ 69÷3は、69を60と9に分けて計算します。60÷3の商と9÷3の商をあわせた数が69÷3の商です。

❷ ① 63÷3 ④ 51÷3
60 3 30 21
⑤ 87÷3 ⑦ 48÷3 ⑧ 84÷7
60 27 30 18 70 14

2 わり算の筆算 9ページ

1
① 27 / 3)81 / 6 / 21 / 21 / 0
② 14 / 4)56 / 4 / 16 / 16 / 0
③ 13 / 7)92 / 7 / 22 / 21 / 1
④ 22 / 4)90 / 8 / 10 / 8 / 2

2
① 12 / 4)48 / 4 / 8 / 8 / 0
② 4 / 6)28 / 24 / 4
③ 10 / 6)63 / 6 / 3
④ 283 / 3)849 / 6 / 24 / 24 / 9 / 9 / 0
⑤ 133 / 7)935 / 7 / 23 / 21 / 25 / 21 / 4
⑥ 101 / 6)609 / 6 / 9 / 6 / 3

3 ①34 ②26
4 式 518÷7=74　　答え 74倍

考え方 3 ① 68÷2 / 60　8　② 78÷3 / 60　18

おうちのかたへ **4** 答えのたしかめをしましょう。7×74＝518

3 折れ線グラフ 10ページ

1 ①16　②13時　③17時
④16、17　⑤8、13

考え方 1 ③気温がいちばん低かったのは17時で、気温は13度です。
④線のかたむきが右下がりで、いちばん急になっているところです。
⑤8時、9時、10時と気温が上がっていき、何時まで気温が上がっているのか見ます。

3 折れ線グラフ 11ページ

1 ①1日目 14時　2日目 12時
②14時、8度
2 あ

考え方 1 ①グラフがいちばん高いところにある時こくを見ます。
②2つのグラフがいちばんはなれているところを見ます。14時は、1日目は20度、2日目は12度となっています。

3 折れ線グラフ 12ページ

1 ①

仙台市の気温と降水量

②1月　③7月と8月、25度

考え方 1 折れ線グラフは、変わり方の様子を表すときに使います。

おうちのかたへ 折れ線グラフは、さまざまなグラフの中でも基本となるグラフです。折れ線グラフと棒グラフのちがいをよく理解しておきましょう。

4 角 13ページ

1 あ50°　い140°　う160°　え20°
2 ①う　②お　③あ4直角　い3直角

考え方 1 分度器と頂点のあわせ方に注意しましょう。

4 角 14ページ

1 あ105°　い45°　う120°　え15°
　　お105°　か135°　き180°　く60°
2 あ250°　い345°

考え方 ❶ 三角定規のどこの角を使っているかに注意しましょう。⑦は、半回転の180°から、三角定規の60°をひいて計算します。180−60=120(°)

15。 4 角

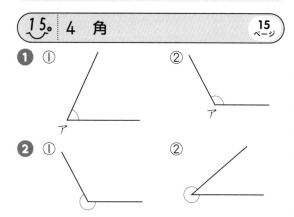

❸ 省略

考え方 ❶ どの角が65°、120°か、しるしをつけておきましょう。
❷ 360−240=120、360−320=40ですから、それぞれ120°、40°の角をかいて、240°、320°の角をつくります。

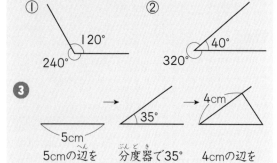

❸
5cmの辺をかく。　分度器で35°の角をかく。　4cmの辺をつくる。

16。 5 2けたの数のわり算 16ページ

❶ ①3　②2
❷ ①
❸ ①⑦50　④4　⑦40
　②⑤50　⑦4　⑦40
❹ ①4あまり10　②3あまり10
　③23あまり10　④8あまり40

考え方 ❷ ⑦60÷3=20、④6÷3=2、⑦600÷3=200、⑦600÷30=20
❸ わり算の答えのたしかめ
　わる数×商＋あまり＝わられる数
❹ あまりの数の位に注意しましょう。

17。 5 2けたの数のわり算 17ページ

❶
```
        3
 1 2 ) 3 8
       3 6
         2
```

❷ ①⑦4　　④2
　②⑦21　⑦4　⑦2　⑦86

❸ ①
```
      2
24)48
   48
    0
```
②
```
      6
16)96
   96
    0
```
③
```
      4
22)88
   88
    0
```
④
```
      3
22)69
   66
    3
```
⑤
```
      2
34)89
   68
   21
```
⑥
```
      3
24)80
   72
    8
```

考え方 ❶ わる数の12を10とみて、一の位にたつ商の見当をつけます。

18。 5 2けたの数のわり算 18ページ

❶
```
          3
 2 3 ) 8 6
       6 9
       1 7
```

❷ ①
```
      2
31)92
   62
   30
```
②
```
      2
23)68
   46
   22
```
③
```
      4
12)58
   48
   10
```

❸
```
          5
 1 2 ) 7 0
       6 0
       1 0
```

❹ ①
```
      4
13)63
   52
   11
```
②
```
      5
14)74
   70
    4
```
③
```
      7
12)95
   84
   11
```

考え方 ❷ ①わる数の31を30とみて、92÷30→3と見当をつけた商は大きすぎます。
そこで、1小さくして商を2とします。
❸ 見当をつけた商が大きすぎるときは、1小さくします。それでも大きいときは、さらに1小さくします。

19. 5 2けたの数のわり算 （19ページ）

❶

$$18\overline{)56} \quad 3 \cdots 2$$

（筆算）
```
      3
18)5 6
    5 4
      2
```

❷
① 27)83 → 3、81、2
② 17)90 → 5、85、5
③ 16)50 → 3、48、2
④ 26)88 → 3、78、10
⑤ 27)81 → 3、81、0
⑥ 15)74 → 4、60、14
⑦ 29)89 → 3、87、2
⑧ 17)74 → 4、68、6
⑨ 15)85 → 5、75、10

考え方 ❶ 一の位に商2をたてると、あまりが20となり、わる数の18より大きくなるので、商を1大きくします。
❷ わり算をしたあと、あまりがわる数より小さくなっていることをたしかめましょう。

20. 5 2けたの数のわり算 （20ページ）

❶
① 37)256 → 6、222、34
② 34)820 → 24、68、140、136、4

❷
① 51)403 → 7、357、46
② 21)651 → 31、63、21、21、0
③ 64)834 → 13、64、194、192、2
④ 23)923 → 40、92、3
⑤ 19)777 → 40、76、17
⑥ 29)875 → 30、87、5

⑦ 54)3685 → 68、324、445、432、13
⑧ 36)8549 → 237、72、134、108、269、252、17
⑨ 48)5148 → 107、48、348、336、12

考え方 ❶ ②わる数の34を30とみて、820÷30とすると、商は十の位にたつことがわかります。

21. 5 2けたの数のわり算 （21ページ）

❶ ①㋐3 ㋑20 ②㋒20
❷ ①1600 ②60 ③100 ④2 ⑤60
❸ ①50 ②8あまり200 ③180 ④9 ⑤5兆 ⑥300

考え方 ❶ わり算では、わられる数とわる数を同じ数でわっても商は変わりません。
❷ わり算では、わられる数とわる数に同じ数をかけても商は変わりません。
❸ 下の計算例のほかにもくふうして計算できます。

①3000÷60
$$\underset{\div10}{300} \div \underset{\div10}{6} = 50$$

②4200÷500
$$\underset{\div100}{42} \div \underset{\div100}{5} = 8$$

③9000÷50
$$\underset{\times2}{18000} \div \underset{\times2}{100} = 180$$

④72億÷8億
$$\underset{\div1億}{72} \div \underset{\div1億}{8} = 9$$

⑤150兆÷30
$$\underset{\div10}{15兆} \div \underset{\div10}{3} = 5兆$$

⑥210万÷7000
$$\underset{\div1000}{2100} \div \underset{\div1000}{7} = 300$$

22. 5 2けたの数のわり算 （22ページ）

❶
① 30)60 → 2、60、0
② 80)560 → 7、560、0
③ 45)200 → 4、180、20
④ 24)96 → 4、96、0
⑤ 32)91 → 2、64、27
⑥ 23)82 → 3、69、13
⑦ 32)246 → 7、224、22
⑧ 39)867 → 22、78、87、78、9
⑨ 17)3516 → 206、34、116、102、14

2 式　198÷25＝7あまり23
　　答え　7人に分けられて、23こあまる。

考え方 **2** 商の見当をつけて、筆算をしましょう。

23. **6　がい数** 23ページ

1 ⑦、⑨
2 ①B　　②5000、6000
3 ①93000　　　②4000
　　③430000　　④400000000

考え方 **1** 正確な数よりがい数のほうがわかりやすい場合や、正確な数が調べられない場合にがい数を使います。
3 一つ下の位の数字を四捨五入します。
　　　　3
①92⑤36 → 93000
②4④00 → 4000
③43④947 → 430000
　　4
④3⑤4081649 → 400000000

24. **6　がい数** 24ページ

1 ①86000　　　②5000000
2 ①⑦3750　　⑦3849
　　②⑦78500　⑦79499
　　③⑦34500　⑦35499
3 ①⑦14500　⑦15500
　　②⑦14950　⑦15050

考え方 **1** 上から3けための数字を四捨五入します。
①86③21 → 86000
　　50
②49⑤1880 → 5000000
2 ①
3700　3750　3800　3850　3900
3750以上　3850未満
3800になるはんい
②
78000　78500　79000　79500　80000
78500以上　79500未満

25. **6　がい数** 25ページ

1 ①式　200+300=500
　　　　　答え　約500円
　　②式　1000-500=500
　　　　　答え　約500円
2 ①20000円　②からあげべん当

考え方 **2** ①500×40=20000
②16000÷40=400　400円以内のべん当でいちばん高いのは、からあげべん当です。

26. **6　がい数** 26ページ

1 あ
2 あ、う
3 ①式　200+100+200=500
　　　　　答え　できる
　　②式　200+400+100+300=1000
　　　　　答え　できる

考え方 **3** ①切り上げて(多めに考えて)計算しても500円以下なら、500円で買い物ができます。
②切りすてて(少なめに考えて)も1000円以上なら、くじが引けます。

27. **大きな数／わり算の筆算** 27ページ

1 99990000
2 ①59億　②96兆　③3600億
3
① 21
4)84
　8
　4
　4
　0

② 27
2)54
　4
　14
　14
　0

③ 32
3)97
　9
　7
　6
　1

④ 99
9)891
　81
　81
　81
　0

⑤ 130
6)785
　6
　18
　18
　5

⑥ 209
2)419
　4
　19
　18
　1

⑦
$$\begin{array}{r} 354 \\ 2\overline{)708} \\ 6 \\ \hline 10 \\ 10 \\ \hline 8 \\ 8 \\ \hline 0 \end{array}$$

⑧
$$\begin{array}{r} 81 \\ 6\overline{)487} \\ 48 \\ \hline 7 \\ 6 \\ \hline 1 \end{array}$$

⑨
$$\begin{array}{r} 90 \\ 4\overline{)363} \\ 36 \\ \hline 3 \end{array}$$

考え方 ① |万より|小さい数は9999で
すから、9999に10000をかけます。

おうちのかたへ わり算の筆算は、位をそろえて書き
ましょう。商に0がたつときは、特に注意
しましょう。

28. 折れ線グラフ／角 28ページ

⚝ ①②

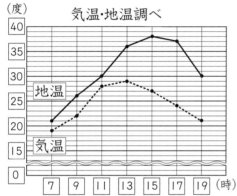

気温・地温調べ

⚝ ①　②

③

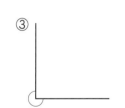

考え方 ① とちゅうまでかいてあるグラフ
から、たてじくの|めもりが|度であるこ
とがわかります。

② ③360−270＝90 ですから、90°の
角をかけば、その反対側は270°です。

角度のはかり方や直角、三角定規の
角との関係は、これからの図形の学習でも
よく使います。

29. 2けたの数のわり算／がい数 29ページ

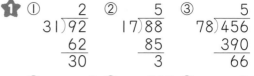

⚝ ①
$$\begin{array}{r} 2 \\ 31\overline{)92} \\ 62 \\ \hline 30 \end{array}$$
②
$$\begin{array}{r} 5 \\ 17\overline{)88} \\ 85 \\ \hline 3 \end{array}$$
③
$$\begin{array}{r} 5 \\ 78\overline{)456} \\ 390 \\ \hline 66 \end{array}$$

④
$$\begin{array}{r} 9 \\ 71\overline{)663} \\ 639 \\ \hline 24 \end{array}$$
⑤
$$\begin{array}{r} 315 \\ 22\overline{)6930} \\ 66 \\ \hline 33 \\ 22 \\ \hline 110 \\ 110 \\ \hline 0 \end{array}$$
⑥
$$\begin{array}{r} 34 \\ 72\overline{)2450} \\ 216 \\ \hline 290 \\ 288 \\ \hline 2 \end{array}$$

⚝ ①29000　　②410000
③200000　　④60000

⚝ 37500、38500

考え方 ③ 百の位で四捨五入する数のうち、
いちばん小さいものといちばん大きいもの
を考えます。

30. 7 垂直、平行と四角形 30ページ

❶ ①×　②○　③○　④×
❷ ①○　②×　③○　④×
❸ 垂直　オ　　　平行　エ

考え方 ② |本の直線に垂直な2本の直線
は、平行であるといいます。

❸ 交わっていなくても、のばすと交わって
直角ができるときは垂直といいます。

31. 7 垂直、平行と四角形 31ページ

❶ （例）ア　　　　　　　　イ

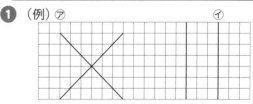

❷ ①　　　　　　②

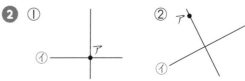

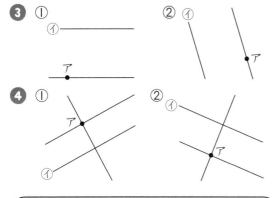

③① ⑦ ——— ②⑦

ア ———

④① ②① ア ⑦ ⑦

---

32. 7　垂直、平行と四角形 _{32ページ}

❶ ①台形　あ、え　②平行四辺形（へいこうしへんけい）　う

❷ 台形　あ、い、う、く

平行四辺形　え、お、け

どちらでもない　か、き、こ

考え方 **❷** 向かい合った辺が平行であることを使って調べます。

---

33. 7　垂直、平行と四角形 _{33ページ}

❶ ①辺エウ　　②辺イウ

③オ…4　　カ…5　　キ…115

ク…65

❷ ①辺エウ

②オ…6　　カ…110　　キ…70

❸ ①平行四辺形　　②ひし形　　③台形

考え方 **❶** 平行四辺形では、向かい合った辺の長さは等しく、向かい合った角の大きさは等しくなっています。

❷ ひし形では、4つの辺の長さはすべて等しく、向かい合った角の大きさは等しくなっています。

❸ ①2組の辺が平行です。②4つの辺の長さがすべて等しくなっています。

③左上の辺と右下の辺の1組だけ平行です。

---

34. 7　垂直、平行と四角形 _{34ページ}

❶～**❸** 省略（しょうりゃく）

考え方 **❶** 辺イウ、50°の角、辺アイの順（じゅん）にかきます。次に、辺イウと平行な辺アエを、1組の三角定規（じょうぎ）を使ってかきます。最後（ご）にエとウを結びます。

❷ 6cmの直線と2cmの直線は平行です。1組の三角定規で平行な直線をかきます。

❸ 垂直な直線や平行な直線は、1組の三角定規を使ってかきます。長さが等しい辺は、下の図のように、コンパスを使って頂点（ちょうてん）を決めて、かくこともできます。

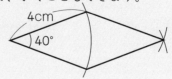

4cm
40°

---

35. 7　垂直、平行と四角形 _{35ページ}

❶ ①う、え　②い、え　③あ、い、う、え

❷ ①

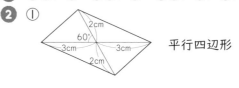

2cm
60°
3cm　3cm
2cm

平行四辺形

②

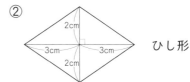

2cm
3cm　3cm
2cm

ひし形

---

36. 8　式と計算 _{36ページ}

❶ ①⑦140　　①80　　⑦280

②エ140　　⑦80　　⑦280

❷ ①220　　②350

❸ 式　1000−(550+220+80)＝150

答え　150円

考え方 **❶** ①500円から、ノートのねだんと消しゴムのねだんを順にひきます。

②500円から、ノートと消しゴムをあわせた代金220円をひきます。

❷ (　)の中を先に計算します。

❸ 品物の代金の合計を求めて、1000円からひきます。

❶ ①300　②1500　③16
　④100　⑤200　⑥10
❷ ①27　②3　③120
　④300　⑤900
❸ ①148　②3

考え方 ふつうは左から順に計算しますが、
（　）があれば（　）の中を先に計算し、次に
×、÷ → ＋、－ の順に計算します。

❶ ①⑦150　④50　⑨7　①7
　②⑦1400
❷ ①⑦16　②④25　⑨4
　③①＋　④⑦4　⑦4　④200
❸ ①714　②432
　③147　④900

考え方 ❶ ①たくやさんは、絵はがきと切
手のねだんをあわせた代金を求めてから、
全体の代金を求めています。のりこさんは、
絵はがき7まいと切手7まいの代金をそれ
ぞれ求めて、あわせています。
❷ ①(○＋△)×□＝○×□＋△×□
③(○＋△)＋□＝○＋(△＋□)
④○×△＝△×○、
(○×△)×□＝○×(△×□)
❸ ①21を20＋1と考えて、分配のきま
りを使います。
21×34＝(20＋1)×34＝20×34＋1×34
②9を10－1と考えて、分配のきまりを
使います。
48×9＝48×(10－1)＝48×10－48×1
③交かんのきまりを使って、14＋86を
先に計算します。

❶ ①24　②25　③い、あ
　④1、1
❷ ①2 cm²　②7 cm²　③12 cm²　④4 cm²

考え方 ❶ 1辺が1cmの正方形の何こ分
かでくらべます。
❷ ①、②三角形が2こで1cm²
④1cm²が8こ分の、半分の面積です。

❶ ⑦5　④6　⑨30　①30
❷ ⑦4　④4　⑨16　①16
❸ ①140 cm²　②81 cm²

考え方 ❸ ①14×10＝140(cm²)
②9×9＝81(cm²)

❶ ①式　25×10＝250　答え　250 m²
　②式　8×8＝64　答え　64 m²
❷ ①2　②2　③2　④20000
❸ 式　126÷9＝14　答え　14 m

考え方 ❷ ①4等分した長方形は、たて
50 cm、横1 mの長方形だから、2こで
1 m²の正方形になります。
④1 m²＝10000 cm²ですから、2 m²は
20000 cm²です。

❶ ①1　②1000　③1000000
❷ ①5000000　②7
　③83　④20000
❸ ①式　4×24＝96　答え　96 a
　②式　8×6＝48　答え　48 ha
　③式　20×7＝140　答え　140 ha

考え方 ❶ ②③1 km²は1辺が1000 mの
正方形の面積と同じです。
1000×1000＝1000000(m²)
❸ ①1 aは1辺が10 mの正方形の面積と
同じです。
②1 haは1辺が100 mの正方形の面積と
同じです。
③2 km＝2000 mで、100 mが20こです。

43. 9 面積 （43ページ）

1 ①⑦8　④6　⑦11　㋤98　㋩98
　②㋕11　㋖4　㋗3　㋘98　㋙98

2 式　（例）6×10−2×4＝52
　　　　　　　　　　　答え　52cm²

考え方 **2** たて6cm、横10cmの長方形の面積から、たて2cm、横4cmの長方形の面積をひきます。3つの長方形に分けて、その面積をたす方法もあります。

44. 9 面積 （44ページ）

1 ①120cm²　②1600m²（16aでもよい）
　③21km²

2 ①100a　②36ha　③1000000m²

3 ①38cm²　②32cm²

考え方 **1** ②40×40＝1600（m²）→16a
3 ①たとえば次のように計算します。
　6×8−2×5＝38　6×3+4×5＝38

②6×6−2×2＝32

おうちのかたへ **3** ①上下2つの長方形に分けて計算することもできます。

45. 10 整理のしかた （45ページ）

1 ①
けがの種類と場所　　　　　（人）

けがの種類＼場所	校庭	教室	ろう下	体育館	合計
切りきず	2	2	1	0	5
すりきず	2	1	3	2	8
打ぼく	3	0	0	3	6
ねんざ	1	0	0	0	1
つき指	2	0	0	0	2
合　計	10	3	4	5	22

②
けがの種類と学年　　　　　（人）

けがの種類＼学年	1年	2年	3年	4年	5年	6年	合計
切りきず	1	0	0	2	2	0	5
すりきず	2	2	4	0	0	0	8
打ぼく	0	2	0	1	2	1	6
ねんざ	0	0	0	0	1	0	1
つき指	0	0	0	0	0	2	2
合　計	3	4	4	3	5	3	22

考え方 たてと横の合計が同じ数にならないときは、数え方か合計の計算がまちがっているので、もう一度数えなおすか、計算しなおしてみましょう。

46. 10 整理のしかた （46ページ）

1 ①13人
　②⑦13　④6　⑦19　㋤10
　㋩4　㋕14　㋖23　㋗10　㋘33

47. 11 くらべ方 （47ページ）

1 ①⑦÷　④6　⑦4　②㋤4

2 ①⑦3　④51　⑦51　㋤÷　㋩3
　②㋕17

考え方 **2** □cmの3倍が51cmですから、
□×3＝51　□は51÷3で求められます。

48. 11 くらべ方 （48ページ）

1 式　32÷8＝4　36÷12＝3
　　　　　　　　答え　ゴムひも㋐

2 式　70÷14＝5　9×5＝45
　　　　　　　　　　答え　45cm

49. 12 小数のしくみとたし算、ひき算 （49ページ）

1 ①⑦7　④0.07　②⑦2.37

2 ①⑦4　④0.6　⑦0.02　㋤0.003
　㋩4.623
　②㋕7.42

3 ①0.1　②1　③0.001　④0.001

考え方 **1** 　1Lが2こで　　　2L
　　0.1Lが3こで　　0.3L
　　0.01Lが7こで　0.07L
　　あわせて　　　　2.37L

50. 12 小数のしくみとたし算、ひき算 （50ページ）

1 ①⑦$\frac{1}{100}$　④2　②⑦$\frac{1}{1000}$　㋤1

2 ①326こ　②500こ

3 ①<　②>

4 ①⑦348　④3480
　⑦3.48　㋤0.348

②オ7　　　カ70
②キ0.07　　　ク0.007

④ 小数も整数と同じように、10倍すると位が1けた上がります。
→小数点は右へ1けた動きます。
また、$\frac{1}{10}$ にすると位が1けた下がります。
→小数点は左へ1けた動きます。
①34.8　　　　　34.8
　　　$\frac{1}{10}$　10倍　　　$\frac{1}{100}$　100倍

---

51. 12 小数のしくみとたし算、ひき算　51ページ

❶ ①ア173　　イ115　　ウ288　　エ2.88
②オ1　　カ0.1　　キ0.05　　ク2
　ケ0.8　　コ0.08　　サ2.88

❷ ①4.75　　②4.36　　③4.3
④5　　⑤7.109　　⑥1.72
⑦2　　⑧4.204　　⑨17.47

考え方 ❷ ③0.07+0.03=0.1 なので、$\frac{1}{10}$ の位にくり上がります。
④0.05+0.05=0.1 となってくり上がり、さらに 0.5+0.4+0.1=1 となります。

---

52. 12 小数のしくみとたし算、ひき算　52ページ

❶ ①ア565　　イ232　　ウ333　　エ3.33
②オ2　　カ0.3　　キ0.02　　ク3
　ケ0.3　　コ0.03　　サ3.33

❷ ①1.13　　②6.69　　③1.142
④4.922　　⑤1.854　　⑥0.75
⑦0.968　　⑧2.971　　⑨1.096

考え方 ❷ 小数点の位置に気をつけます。くり下がって残る数にも注意しましょう。

---

53. 12 小数のしくみとたし算、ひき算　53ページ

❶ ①ア1.56　　イ9.76
②ウ1.1　　エ0.15　　オ0.15　　カ4.15
❷ ①5.64　　②2.22　　③1　　④13
⑤6.33　　⑥10.25　　⑦10.25

考え方 ❷ 3つの数のたし算は、計算するときに、3つの中でどれとどれをたすと計算しやすいか考えましょう。
④(4.3+5.7)+3=10+3=13
⑤3.15+2.33+0.85=(3.15+0.85)+2.33
　　=4+2.33=6.33

---

54. 12 小数のしくみとたし算、ひき算　54ページ

❶ ①0.04　　②0.24　　③0.77
❷ ①2.53　　②0.56　　③8.09
❸ ①3.69　　②2.22　　③3.865
④6.157　　⑤12.101　　⑥0.68
⑦1.195　　⑧3.182　　⑨0.947
⑩0.555　　⑪19.998　　⑫11.109
⑬13.13　　⑭11.1

考え方 ❸ ⑤0.01+0.09=0.1 とくり上がります。

❷ ②0.560 は 0.56 です。
❸ 小数点をそろえて計算しましょう。くり上がり、くり下がりも注意します。

---

55. 13 変わり方　55ページ

❶ ①
横の長さ（cm）	1	2	3	4	5	6	7	8	9
たての長さ（cm）	9	8	7	6	5	4	3	2	1

②ア1　　イへる
③ウたての長さ　　エ10

❷ 長方形の横の長さとたての長さ

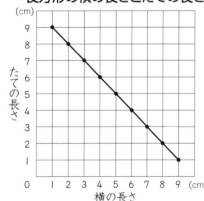

考え方 ❷ それぞれの点をとり、直線で結びます。

1
①

だんの数（だん）	1	2	3	4	5	6
周りの長さ(cm)	8	16	24	32	40	48

② ○×8＝△
③ 15 だん

2
①

えんぴつの本数（本）	1	2	3	4	5	6	7	8
代金 （円）	40	80	120	160	200	240	280	320

② ⑦40 ④ふえる
③ ○×40＝△（40×○＝△でもよい）

考え方 1 ③120÷8＝15

---

1 ①10218 ②20.028 ③46257000
2 ①⑦20 ②④5 ③⑦2 ④87
3 ①⑦20 ②④3 ③⑦5 ④24
4 ①179 兆（ちょう） ②1.35 ③24.247

考え方 1 定位点のあるけたを一の位と決めます。一の位より右側は小数です。
3 ②③ひきたい数（2）とたして5になる数（5－2＝3）を入れてから、五だまをとります。

---

1 省略（しょうりゃく）
2 ①300 ②70 ③290 ④2
⑤15 ⑥40 ⑦1 ⑧0
⑨1600 ⑩3970
3 ①15 cm ②81 cm²

考え方 3 ①9×□＝135(cm²)
→135÷9＝15(cm)
②9×9＝81(cm²)

---

1 ①7 ②6 ③7 ④4
2 ①4.906 ②43.12 ③8.013
④4.576 ⑤0.66 ⑥0.928
3 ①○×4＝△
②9 cm

考え方 3 ②○×4＝36 → 36÷4＝9

---

1 ①16 ②16 ③4 ④6.4
2

① 0.6 ×3 ＝ 1.8
② 0.3 ×7 ＝ 2.1
③ 4.3 ×2 ＝ 8.6
④ 4.3 ×3 ＝ 12.9
⑤ 5.1 ×7 ＝ 35.7
⑥ 4.2 ×7 ＝ 29.4
⑦ 2.4 ×8 ＝ 19.2
⑧ 6.5 ×5 ＝ 32.5
⑨ 10.8 ×7 ＝ 75.6
⑩ 15.3 ×4 ＝ 61.2
⑪ 12.4 ×6 ＝ 74.4
⑫ 0.6 ×22 ＝ 12 / 12 / 13.2
⑬ 0.3 ×74 ＝ 12 / 21 / 22.2
⑭ 1.8 ×32 ＝ 36 / 54 / 57.6
⑮ 2.7 ×28 ＝ 216 / 54 / 75.6
⑯ 5.3 ×16 ＝ 318 / 53 / 84.8

考え方 最後（さいご）に小数点をうつのをわすれないように注意しましょう。

1
① 1.25 ×5 ＝ 6.25
② 4.14 ×3 ＝ 12.42
③ 0.28 ×6 ＝ 1.68
④ 3.51 ×42 ＝ 702 / 1404 / 147.42

2
① 1.6 ×5 ＝ 8.0
② 6.2 ×5 ＝ 31.0
③ 0.5 ×8 ＝ 4.0
④ 12.5 ×4 ＝ 50.0
⑤ 1.46 ×5 ＝ 7.30
⑥ 23.4 ×35 ＝ 1170 / 702 / 819.0

③
① 0.123
× 4
0.492

② 0.256
× 7
1.792

③ 0.045
× 4
0.180

④ 1.233
× 12
2466
1233
14.796

⑤ 1.024
× 15
5120
1024
15.360̸

⑥ 0.082
× 59
738
410
4.838

考え方 小数点以下で、最も下の位が0になったときは、0を消します。

62。 15 小数と整数のかけ算、わり算 62ページ

❶ ①72 ②72 ③4 ④1.8

❷
① 1.3
5)6.5
5
15
15
0

② 1.3
7)9.1
7
21
21
0

③ 4.7
2)9.4
8
14
14
0

④ 4.6
7)32.2
28
42
42
0

⑤ 7.3
8)58.4
56
24
24
0

⑥ 5.2
9)46.8
45
18
18
0

⑦ 14.7
5)73.5
5
23
20
35
35
0

⑧ 16.3
6)97.8
6
37
36
18
18
0

考え方 商の小数点をうつのをわすれないようにしましょう。

63。 15 小数と整数のかけ算、わり算 63ページ

❶ ①0、8 ②0、7

❷
① 0.7
6)4.2
42
0

② 0.2
4)0.8
8
0

③ 1.8
12)21.6
12
96
96
0

④ 0.6
38)22.8
228
0

⑤ 6.8
76)516.8
456
608
608
0

⑥ 1.28
7)8.96
7
19
14
56
56
0

⑦ 1.57
24)37.68
24
136
120
168
168
0

⑧ 0.124
28)3.472
28
67
56
112
112
0

⑨ 0.264
3)0.792
6
19
18
12
12
0

考え方 一の位に商がたたないときは、一の位に0を書き、小数点をうちます。

64。 15 小数と整数のかけ算、わり算 64ページ

❶
① 0.96
5)4.8
45
30
30
0

② 6.35
4)25.4
24
14
12
20
20
0

③ 7.25
6)43.5
42
15
12
30
30
0

④ 0.465
8)3.72
32
52
48
40
40
0

⑤ 0.082
15)1.23
120
30
30
0

❷
① 2.75
4)11.0
8
30
28
20
20
0

② 3.4
5)17
15
20
20
0

③ 6.5
8)52
48
40
40
0

④
```
     0.12
75)9.0
    75
   150
   150
     0
```
⑤
```
     0.04
25)1.00
   100
     0
```

考え方 ❷ 整数をわるときも、0を書きた
しながらわり進むことができます。
①商は、一の位に2、$\frac{1}{10}$の位に7がたつ
ので、2と7のあいだに小数点をうちます。

---

65. | 15　小数と整数のかけ算、わり算　**65**ページ

❶ 式　$18÷7=2.5\overset{6}{7}…$　答え　約2.6 cm
❷ 式　$5÷18=0.2\overset{8}{7}7…$　答え　約0.28 kg
❸ ①0.5　②0.7　③4.3
　　④1.1　⑤1.9　⑥0.6

考え方 求める位の1つ下の位を四捨五入し
ましょう。

---

66. | 15　小数と整数のかけ算、わり算　**66**ページ

❶ ㋐25.5÷4=6 あまり 1.5
　　㋑6　　㋒1.5　　㋓4
　　㋔6　　㋕1.5　　㋖25.5
❷ ㋐82.3÷5=16 あまり 2.3
　　㋑16　　㋒2.3
❸ ①
```
     1.3
7)9.4
   7
   24
   21
    0.3
```
②
```
     4.1
9)37.6
   36
    16
     9
     0.7
```
③
```
     0.4
31)12.5
   124
     0.1
```
④
```
     5.0
17)86.2
   85
    1.2
```
⑤
```
     3.9
14)55
   42
   130
   126
     0.4
```
⑥
```
     0.5
11)6.0
   55
    0.5
```

考え方 ❶ びんの本数は整数ですから、一
の位までわった残りがあまりとなります。
❸ 商が1より小さいときは、一の位に0を
書き、小数点をうちます。

---

67. | 15　小数と整数のかけ算、わり算　**67**ページ

❶ ①式　21÷15=1.4　　答え　1.4倍
　　②式　9÷15=0.6　　答え　0.6倍
❷ ①式　10÷4=2.5　　答え　2.5倍
　　②式　6÷4=1.5　　答え　1.5倍
　　③式　3÷4=0.75　　答え　0.75倍

考え方 ❶ ①21を21.0としてわり進みます。

---

68. | 15　小数と整数のかけ算、わり算　**68**ページ

❶ ①
```
    4.7
×   8
  37.6
```
②
```
    6.29
×    4
  25.16
```
③
```
    2.75
×   12
   550
   275
  33.00
```
④
```
     1.6
7)11.2
   7
   42
   42
    0
```
⑤
```
     2.3
38)87.4
   76
   114
   114
     0
```
⑥
```
     0.18
25)4.5
   25
   200
   200
     0
```
❷ 式　1.5×12=18　　　答え　18 L
❸ 式　38.5÷6=6 あまり 2.5
　　答え ①6　　　②2.5

おうちのかたへ ❸ あまりの小数点の位置に注意し
ましょう。

---

69. | 16　立体　**69**ページ

❶ ①直方体　②㋐4　㋑2　③立方体
❷ ①8つ　②4つ、4つ、4つ　③6つ、ない

考え方 ❷ ②下の図のように、向かい合う
辺は同じ長さです。

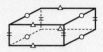

③向かい合う面は形も大きさも同じです。

---

70. | 16　立体　**70**ページ

❶ ①垂直　②平行
❷ ①平行な辺　辺ウエ、辺ウキ、辺エク、
　　　　　　　辺キク
　　垂直な辺　辺アエ、辺イウ、辺オク、
　　　　　　　辺カキ

② 平行な面　面③、面え
垂直な面　面お、面か
3 ①辺アエ、辺ウエ、辺オク、辺キク
②辺エウ、辺オカ、辺クキ

考え方 **2** ①面おと面かは平行ですから、面かにふくまれる４本の辺が、面おと平行な辺です。また、１つの面と交わる４つの辺が、垂直な辺です。
②辺イウをふくむ面は、面あと面いですから、面あと平行な面③、面いと平行な面えが、辺イウと平行な面です。
3 ①となり合った２つの辺（交わる辺）は垂直です。
②辺アイと平行な辺は、辺エウ、辺オカ、辺クキです。

71。 16　立体 〔71ページ〕

1 （例）
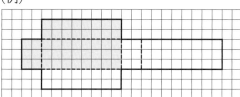

2 ①点サ　　②辺キカ
③面あ、面い、面え、面お

3 ①
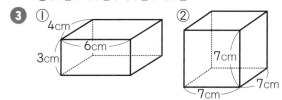
4cm 3cm 6cm　　② 7cm 7cm 7cm

考え方 **1** １つの立体でも展開図のかき方はいくつかあります。展開図では、すべての辺の長さを正しく表すことができます。組み立てて立体になることがたいせつです。
2 組み立てた形を考えましょう。

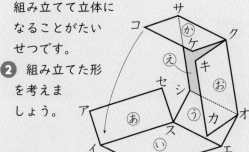

72。 16　立体 〔72ページ〕

1 ①４、２　　②７、４　　③４、２、５
2 ①横８cm、たて５cm、高さ４cm
②横０cm、たて５cm、高さ４cm

考え方 **1** スタート地点を０として考えます。
2 ②横は０であることに注意しましょう。

73。 17　分数の大きさとたし算、ひき算 〔73ページ〕

1 ①真分数　　②仮分数　　③帯分数
2 真分数… $\frac{4}{5}$、 $\frac{5}{9}$　　仮分数… $\frac{4}{3}$、 $\frac{7}{7}$、 $\frac{9}{5}$
帯分数… $1\frac{1}{6}$、 $5\frac{5}{9}$

3 仮分数… $\frac{5}{3}$ L　　帯分数… $1\frac{2}{3}$ L

4 ①＞　　②＜　　③＜
④＜　　⑤＜　　⑥＞

考え方 **4** 分母が同じ真分数、仮分数では、分子が大きいほど大きくなります。分母が同じ帯分数では、整数の大きいほうが大きくなります。

74。 17　分数の大きさとたし算、ひき算 〔74ページ〕

1 ①⑦９　②④１　　⑦２　　⑤２
③⑦２　　⑦１

2 ① $1\frac{3}{4}$　② $2\frac{2}{3}$　③３　　④ $\frac{19}{6}$　⑤ $\frac{23}{3}$

3 ①２、 $\frac{12}{7}$、 $1\frac{3}{7}$　　② $2\frac{3}{5}$、 $\frac{8}{5}$、１

考え方 **2** ①７÷４＝①あまり③　①③/４

②８÷３＝２あまり２　→　$2\frac{2}{3}$
③１５÷５＝３
④６×３＋１＝１９　⑤３×７＋２＝２３
3 どれも仮分数にそろえるか帯分数にそろえて大きさをくらべます。
① $\left(\frac{12}{7}、\frac{10}{7}、\frac{14}{7}\right)$　② $\left(\frac{8}{5}、\frac{13}{5}、\frac{5}{5}\right)$

❶ ①$\frac{2}{6}$ または $\frac{3}{9}$　②$\frac{4}{6}$、$\frac{6}{9}$

❷ ①＜　②＞　③＜　④＞
　⑤＜　⑥＜　⑦＜　⑧＞

考え方 ❶ 大きさの等しい分数はたくさんあります。数直線では、同じ位置にあります。

❶ ①㋐$\frac{1}{5}$　㋑$\frac{4}{5}$　②㋒$\frac{5}{7}$
　③㋓$\frac{9}{9}$　㋔1　④㋕$\frac{11}{8}$　㋖1$\frac{3}{8}$

❷ ①㋐8　㋑5　㋒1
　②㋓4　㋔5

❸ ①3$\frac{2}{3}$　②2　③4$\frac{2}{5}$　④1$\frac{1}{6}$
　⑤2$\frac{5}{7}$　⑥3$\frac{7}{8}$　⑦5$\frac{2}{9}$　⑧6

考え方 分母が同じ分数の和は、分子の和を考えます。

❶ ①㋐$\frac{1}{7}$　㋑$\frac{4}{7}$　②㋒1$\frac{1}{5}$
　③㋓5　㋔2$\frac{2}{4}$　④㋕$\frac{11}{9}$　㋖$\frac{7}{9}$
　⑤㋗$\frac{5}{5}$　㋘$\frac{3}{5}$

❷ ①$\frac{6}{5}$　②$\frac{7}{8}$　③$\frac{1}{7}$　④$\frac{5}{9}$
　⑤2$\frac{1}{9}$　⑥2$\frac{5}{11}$　⑦$\frac{7}{10}$　⑧$\frac{3}{4}$
　⑨1$\frac{5}{9}$　⑩$\frac{6}{7}$　⑪$\frac{11}{12}$

考え方 ❷ ⑨⑪ひかれる数を整数と仮分数に分けて計算します。

⭐1 ①450000000　②72040000
⭐2 あ、う
⭐3 あ50°　い200°

⭐4 ①16　②7あまり2　③50あまり1
⭐5 ①4300000　②15000

考え方 ⭐5 ①42$\boxed{3|5}$603→4300000

おうちのかたへ ⭐1 大きな数は位に注意しましょう。千の位をもとにして、4けたごとに区切ってたしかめましょう。
⭐4 筆算をするときは、位に気をつけます。数字をそろえて書くようにしましょう。
⭐5 四捨五入する位に注意します。

⭐1 ①74　②28　③57
⭐2 ①157　②3200　③55
　④1485　⑤800　⑥3232
⭐3 ①32 cm　②16 cm
⭐4 ①㋐50000　②㋑600　㋒60000
⭐5 ①5　②0.197　③2.97

考え方 ⭐3 ①長方形の面積＝たて×横

⭐1 ①○×80=△
②

リボンの長さ ○(m)	1	2	3	4	5	6	7	8	9
代金 △(円)	80	160	240	320	400	480	560	640	720

⭐2 ①266.5　②8.5　③0.95
⭐3 ①　②

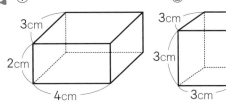

⭐4 ①2　②1$\frac{4}{5}$　③$\frac{2}{4}$

考え方
⭐4 ②$\frac{17}{5} - \frac{8}{5} = \frac{9}{5}$　③$\frac{29}{4} - \frac{27}{4} = \frac{2}{4}$

おうちのかたへ ⭐3 見取図では、横や高さは正しい長さがかけますが、たての辺はななめになるので、ほかの辺とのバランスを考えて、てきとうな長さでかきましょう。立体の特ちょうを表すことが大切です。

教育出版版・小学算数4年